Anke Teichmann

Interaktionen zwischen G-Protein gekoppelten Rezeptoren

Anke Teichmann

Interaktionen zwischen G-Protein gekoppelten Rezeptoren
Fluoreszenzmikroskopische Untersuchungen

Südwestdeutscher Verlag für Hochschulschriften

Impressum / Imprint

Bibliografische Information der Deutschen Nationalbibliothek: Die Deutsche Nationalbibliothek verzeichnet diese Publikation in der Deutschen Nationalbibliografie; detaillierte bibliografische Daten sind im Internet über http://dnb.d-nb.de abrufbar.

Alle in diesem Buch genannten Marken und Produktnamen unterliegen warenzeichen-, marken- oder patentrechtlichem Schutz bzw. sind Warenzeichen oder eingetragene Warenzeichen der jeweiligen Inhaber. Die Wiedergabe von Marken, Produktnamen, Gebrauchsnamen, Handelsnamen, Warenbezeichnungen u.s.w. in diesem Werk berechtigt auch ohne besondere Kennzeichnung nicht zu der Annahme, dass solche Namen im Sinne der Warenzeichen- und Markenschutzgesetzgebung als frei zu betrachten wären und daher von jedermann benutzt werden dürften.

Bibliographic information published by the Deutsche Nationalbibliothek: The Deutsche Nationalbibliothek lists this publication in the Deutsche Nationalbibliografie; detailed bibliographic data are available in the Internet at http://dnb.d-nb.de.

Any brand names and product names mentioned in this book are subject to trademark, brand or patent protection and are trademarks or registered trademarks of their respective holders. The use of brand names, product names, common names, trade names, product descriptions etc. even without a particular marking in this works is in no way to be construed to mean that such names may be regarded as unrestricted in respect of trademark and brand protection legislation and could thus be used by anyone.

Coverbild / Cover image: www.ingimage.com

Verlag / Publisher:
Südwestdeutscher Verlag für Hochschulschriften
ist ein Imprint der / is a trademark of
AV Akademikerverlag GmbH & Co. KG
Heinrich-Böcking-Str. 6-8, 66121 Saarbrücken, Deutschland / Germany
Email: info@svh-verlag.de

Herstellung: siehe letzte Seite /
Printed at: see last page
ISBN: 978-3-8381-3711-7

Zugl. / Approved by: Berlin, HU, Diss., 2012

Copyright © 2013 AV Akademikerverlag GmbH & Co. KG
Alle Rechte vorbehalten. / All rights reserved. Saarbrücken 2013

Zusammenfassung

G-Protein gekoppelte Rezeptoren (GPCR) sind Rezeptoren mit 7 Transmembrandomänen. Nach Bindung ihres Liganden werden über die Kopplung von G-Proteinen rezeptorspezifisch Signaltransduktionswege aktiviert. Ein bislang nicht ausreichend verstandener Prozess für die Funktion von GPCR ist deren Oligomerisierung. Für einige GPCR konnte gezeigt werden, dass die Oligomerisierung den Rezeptortransport und/oder die Dynamik der Rezeptoraktivierung moduliert. Dabei ist noch nicht aufgeklärt, ob die entsprechenden GPCR ausschließlich als Oligomere oder in einem bestimmten Monomer-Dimer Verhältnis (M/D) vorliegen und welcher Dynamik dieses Verhältnis unterliegt.

In dieser Arbeit wurde die Homo-Oligomerisierung des Endothelin-B-Rezeptors (ET_BR), des Vasopressin-V2-Rezeptors (V_2R) und der *Corticotropin-Releasing-Factor*-Rezeptoren Typ 1 (CRF_1R) und Typ 2(a) ($CRF_{2(a)}R$) analysiert. Im Anschluss an diese Untersuchungen wurde das M/D der GPCR bestimmt. Zur Detektion der Protein-Protein Interaktionen wurden die biophysikalischen Methoden Fluoreszenz-Resonanz-Energie-Transfer (FRET) und Fluoreszenz-Kreuzkorrelations-Spektroskopie (FCCS) eingesetzt.

Mit Hilfe der FCCS konnte das spezifische M/D der GPCR bestimmt und über FRET ein Unterschied in der Interaktions-Dynamik zwischen den GPCR der Familie 1 (am Bsp. des V_2R) und der Familie 2 (am Bsp. des CRF_1R) ermittelt werden. Des Weiteren lieferten die genutzten Methoden den Nachweis, dass der zum CRF_1R homologe $CRF_{2(a)}R$ ausschließlich als Monomer vorliegt. Zusätzliche Untersuchungen an Signalpeptidmutanten des CRF_1R und des $CRF_{2(a)}R$ weisen darauf hin, dass das Pseudosignalpeptid des $CRF_{2(a)}R$, welches bislang einzigartig in der Superfamilie der GPCR ist, die Oligomerisierung des Rezeptors verhindert. Zusätzlich zu diesen neuen Daten konnte in dieser Arbeit erstmals ein Zusammenhang zwischen Rezeptorinteraktion und G-Protein Selektivität für den CRF_1R und den $CRF_{2(a)}R$ festgestellt werden.

Zusammenfassung

Inhaltsverzeichnis

Zusammenfassung..	I
1. Einleitung...	**1**
1.1. G-Protein gekoppelte Rezeptoren...	1
1.1.1. Klassifizierung..	2
1.1.2. Lebenszyklus...	4
1.1.3. Oligomerisierung...	6
1.1.4. In dieser Arbeit verwendete GPCR....................................	9
1.1.4.1. Die *Corticotropin-Releasing-Factor*-Rezeptoren Typ 1 und Typ 2(a)...............................	10
1.1.4.2. Der Vasopressin-V2-Rezeptor................................	12
1.1.4.3. Der Endothelin-B-Rezeptor....................................	13
1.2. Laser Scanning Mikroskopie..	**14**
1.2.1. Fluoreszenz...	15
1.2.2. Fluoreszierende Proteine..	16
1.2.3. Fluoreszenz-Resonanz-Energie-Transfer...........................	18
1.2.3.1. *Photobleaching*-FRET...	19
1.2.4. Fluoreszenzlebenszeit-Mikroskopie..................................	20
1.2.4.1. FLIM-FRET..	22
1.2.5. Fluoreszenz-Kreuzkorrelations-Spektroskopie.................	23
2. Zielstellung..	**26**
3. Material und Methoden..	**28**
3.1. Material..	28
3.1.1. Chemikalien und Reagenzien..	28
3.1.2. Geräte..	29
3.1.3. Software..	30
3.1.4. Bakterienstämme und eukaryotische Zelllinie..................	30
3.1.5. Flüssigmedien, Agarplatten und Antibiotika für Bakterienstämme.	31
3.1.6. Flüssigmedium und Zusätze für eukaryotische HEK293 Zellen.....	31
3.1.7. Desoxyribonukleinsäuren...	32
3.1.7.1. Vektoren...	32

3.1.7.2. Rekombinante Plasmide	32
3.1.7.3. *Primer*	34
3.1.8. Antikörper	34
3.2. Methoden	**35**
3.2.1. Molekularbiologische Methoden	35
3.2.1.1. Herstellung kompetenter Bakterienzellen	35
3.2.1.2. DNA-Isolierung und photometrische Messung der DNA-Konzentration	36
3.2.1.3. Restriktionsverdau und Agarosegelelektrophorese	36
3.2.1.4. Aufreinigung von DNA-Fragmenten aus Agarosegelen	37
3.2.1.5. Ligation und Transformation	37
3.2.1.6. Sequenzierung	39
3.2.2. Proteinbiochemische Methoden	40
3.2.2.1. Aufreinigung von rekombinantem YFP aus Bakterienzellen	40
3.2.2.2. SDS-PAGE und Coomassie-Brilliantblau Färbung	41
3.2.2.3. Proteinbestimmung nach Bradford	42
3.2.3. Zellkulturtechniken	42
3.2.3.1. Beschichtung von Deckgläsern	42
3.2.3.2. Transiente Transfektion von HEK293 Zellen	43
3.2.4. Konfokale Mikroskopie	43
3.2.4.1. Kolokalisation	44
3.2.4.2. FRET	45
3.2.4.3. FCCS	49
3.2.5.. *Total-Internal-Reflection-Fluorescence-Microscopy*	50
4. Ergebnisse	**53**
4.1. Analyse der zellulären Lokalisation der fluoreszenzmarkierten GPCR	**53**
4.2. Untersuchungen zur Homo-Oligomerisierung der fluoreszenz- markierten GPCR	**54**
4.2.1. Einzelzell-Messungen mittels FRET-Spektren	55
4.2.1.1. Vorversuche zur Messung der FRET-Spektren	55
4.2.1.2. Nachweis von GPCR Homo-Oligomeren anhand von	

FRET-Spektren..	57
4.2.1.3. Spezifität der Interaktion von CRF_1R-Molekülen..................	60
4.2.2. Einzelzell-Messungen mittels FLIM-FRET................................	61
4.2.2.1. Vorversuche zu den FLIM-FRET-Messungen.........................	62
4.2.2.2. Nachweis von GPCR Homo-Oligomeren durch FLIM-FRET..	65
4.2.3. Vergleich der FRET-Versuche..	67
4.2.4. Einzelmolekül-Messungen mittels FCCS...................................	69
4.2.4.1. Vorversuche zu den FCCS-Messungen..................................	70
4.2.4.2. Nachweis von GPCR Homo-Oligomeren anhand von FCCS...	71
4.3. Bestimmung des M/D der fluoreszenzmarkierten GPCR.................	**73**
4.3.1. Erstellung von Eichkurven..	74
4.3.2. Bestimmung des Monomer-Dimer Verhältnisses........................	77
4.4. Nachweis von CRF_1R-Dimeren über TIRFM...............................	**79**
4.4.1. Vorversuche zu den TIRFM-Messungen...................................	80
4.4.2. Nachweis von CRF_1R-Dimeren..	82
4.5. Einfluss von Signalpeptiden auf die Oligomerisierung der CRFR...	**84**
4.5.1. Untersuchung des Oligomerisierungsstatus der Signalpeptid- mutanten...	86
4.5.2. Biochemische Validierung der fluoreszenzmikroskopischen Methoden..	90
5. Diskussion..	**92**
5.1. Aufklärung des M/D der untersuchten GPCR...............................	**93**
5.1.1. FCCS bietet die Möglichkeit zur Bestimmung des M/D interagierender GPCR...	93
5.1.2. GPCR liegen in einem spezifischen M/D vor............................	96
5.1.3. GPCR der Familie 1 zeigen eine höhere Interaktions-Dynamik als die der Familie 2...	97
5.1.4. Ausblick zur Analyse des M/D von GPCR................................	99
5.2. Das Pseudosignalpeptid des $CRF_{2(a)}R$ verhindert die Oligomerisierung des Rezeptors...	**100**
6. Literaturverzeichnis...	**105**
7. Abkürzungen..	**120**

Inhaltsverzeichnis

1. Einleitung

1.1. G-Protein gekoppelte Rezeptoren

G-Protein gekoppelte Rezeptoren (GPCR) bilden bei Säugern die größte und variantenreichste Gruppe von Membranproteinen. Sie sind verantwortlich für die Weiterleitung extrazellulärer Signale in das Innere der Zelle. Die Signaltransduktion erfolgt über die Bindung von extrazellulären Liganden an den GPCR. Die Art des Liganden kann dabei sehr vielseitig sein, wie z.B. Hormone, Peptide, Phospholipide, Ionen, Proteasen, Nucleotide, Neurotransmitter, Fettsäuren und Wachstumsfaktoren. Aber auch Stimuli wie Photonen, Geruchs- oder Geschmacksstoffe wirken über GPCR [1]. Nach Ligandenbindung kommt es zu einer Konformationsänderung der Rezeptoren, welche die Kopplung von heterotrimeren Guaninnukleotid-bindenden Proteinen (G-Proteinen) an die Ligand-Rezeptor-Komplexe ermöglicht. Die Art des G-Proteins bestimmt den jeweiligen Signalweg, der in der Zelle angeschaltet wird.

Der einheitliche strukturelle Aufbau von GPCR besteht aus folgenden Elementen: ein extrazellulärer N-Terminus, sieben Transmembrandomänen (TM 1-7), ein intrazellulärer C-Terminus, sowie drei extrazelluläre (e1, e2, e3) und drei intrazelluläre (i1, i2 ,i3) Schleifen, welche die TM miteinander verbinden (siehe Abb. 1) [2].

Von besonderer Bedeutung sind GPCR, weil sie wichtige Zielstrukturen für Pharmaka darstellen. Momentan wird geschätzt, dass 50 Prozent der zugelassenen Medikamente die Aktivität von GPCR beeinflussen [4]. Diese Wirkstoffe greifen bislang jedoch nur bei wenigen GPCR an, der humane Pool an GPCR umfasst aber mehr als 1000 Gene [4]. Diese Diskrepanz birgt ein großes Potenzial für die Entwicklung neuer Pharmaka. Die Voraussetzung dafür ist jedoch ein detailliertes Verständnis der Struktur und Funktion dieser Rezeptoren.

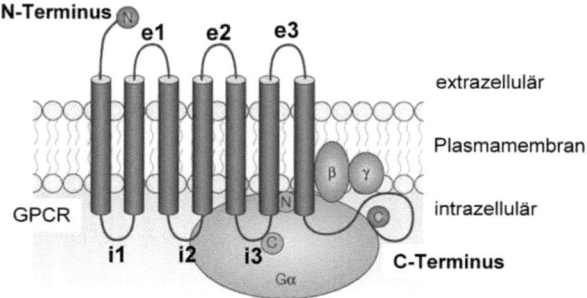

Abb. 1: Schematischer Aufbau von GPCR und Kopplung des G-Proteins. GPCR haben folgende strukturellen Gemeinsamkeiten: sieben TM, drei extra- und intrazelluläre Schleifen, extrazellulärer N-Terminus, intrazellulärer C-Terminus. Durch die Kopplung des G-Proteins (bestehend aus α-, β-, γ- Untereinheit) erfolgt die Signaltransduktion ins Innere der Zelle. Die Abbildung wurde entnommen aus [3] und verändert.

1.1.1. Klassifizierung

GPCR werden anhand ihrer Aminosäuresequenz in Familien unterteilt; die wichtigsten sind in Abb. 2 dargestellt. Die größte Gruppe bildet die Familie 1 der GPCR, welche die rhodopsinähnlichen Rezeptoren umfasst. Hier ordnen sich auch die olfaktorischen, die Geschmacks- und die opsinartigen Rezeptoren ein. Rezeptoren der Familie 1 sind durch einige hochkonservierte Aminosäuren und Disulfidbrücken zwischen der ersten (e1) und zweiten (e2) extrazellulären Schleife charakterisiert. Viele dieser Rezeptoren besitzen palmitoylierte Cysteine am C-Terminus, welche als Membrananker in der Plasmamembran (PM) dienen. Die Kristallstruktur von Rhodopsin deutet darauf hin, dass die TM von GPCR der Familie 1 schräg und/oder geknickt in der PM vorliegen, da auf Grund von Aminosäuren wie Prolin, die α-helikale Struktur der TM unterbrochen wird. Die Familie 1 ist in drei Unterfamilien eingeteilt. Zur Unterfamilie 1a gehört z.B. der $β_2$-adrenerge Rezeptor. Diese GPCR werden durch kleine Liganden stimuliert. Die Ligandenbindungsstelle liegt in diesem

Fall zwischen den TM. Die Unterfamilie 1b bindet N-terminal kleine Peptide unter Beteiligung der extrazellulären Schleifen. Rezeptoren der Unterfamilie 1c binden Glykoproteinhormone, wobei hier der Kontakt zu den extrazellulären Schleifen e1 und e3 Voraussetzung für die Ligandenbindung ist.

GPCR der Familie 2 sind dem Sekretinrezeptor ähnlich und werden durch hochmolekulare Proteine wie z.B. Glukagon stimuliert. Sie zeichnen sich durch einen langen N-Terminus aus, der über 100 Aminosäuren umfassen kann und oft mehrere Cysteine enthält, die untereinander Disulfidbrücken ausbilden. GPCR dieser Familie sind denen der Unterfamilie 1c morphologisch sehr ähnlich, obwohl keinerlei Sequenzhomologie besteht und es nicht zu Palmitoylierungen kommt. Zur Familie 2 können auch die *Frizzled-* und *Smoothened*-Rezeptoren gezählt werden.

Der Familie 3 sind GPCR zugeordnet, die dem metabotrophen Glutamatrezeptor ähnlich sind. Sie besitzen sowohl eine sehr große N-terminale extrazelluläre Domäne (zwischen 500 und 600 Aminosäuren lang) als auch einen langen C-Terminus. Die Ligandenbindungsstelle ist bei GPCR der Familie 3 im N-Terminus lokalisiert. Die Anordnung gleicht dem Prinzip einer Venusfliegenfalle, welche sich mit gebundenem Liganden schließen kann. Sowohl kalziumsensitive und Pheromonrezeptoren als auch die GABA-Rezeptoren gehören zu dieser Familie. Eine charakteristische Gemeinsamkeit von Familie 3 GPCR ist eine kurze und hochkonservierte dritte intrazelluläre Schleife (i3) [2, 3, 5, 6].

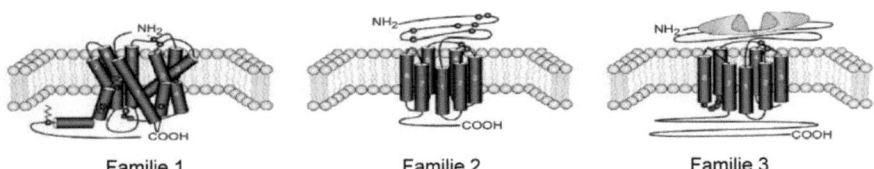

Abb. 2: Klassifizierung von GPCR. GPCR werden in drei Familien unterteilt. In Familie 1 (links) sind die rhodopsinähnlichen GPCR, in Familie 2 (mitte) die sekretinähnlichen und in Familie 3 (rechts) die metabotrophen Glutamatrezeptoren zusammengefasst. Die Abbildung wurde aus [3] entnommen und verändert.

1.1.2. Lebenszyklus

Die Prozessierung von GPCR beginnt wie bei allen integralen Membranproteinen mit der Translokation der Aminosäurekette in die Membran des endoplasmatischen Retikulums (ER). Mit verantwortlich für diesen Prozess ist eine hydrophobe Signalsequenz, die das Einfädeln der Aminosäurekette in die ER Membran ermöglicht. Die meisten GPCR (90 – 95 %) besitzen zu diesem Zweck eine sogenannte Signalankersequenz, welche normalerweise die erste TM des reifen Rezeptors bildet. Eine kleine Gruppe von GPCR (5 – 10 %) besitzt jedoch ein Signalpeptid, welches vom Rezeptor nach der Translokation der Aminosäurekette abgespalten wird [7, 8]. Die richtige Faltung von GPCR gewährleisten sogenannte Chaperone, die mögliche Aggregationen oder Nebenreaktionen verhindern. Kommt es dennoch zu einer Fehlfaltung werden Proteine proteasomal über die ER-assoziierte Degradationsmaschinerie (ERAD) abgebaut. Der Transport korrekt gefalteter GPCR erfolgt über den sekretorischen Weg. Vesikel werden dabei aus dem ER abgeschnürt und wandern über das ER-Golgi-Intermediärkompartiment (ERGIC) und den Golgi-Apparat zur Zelloberfläche. Dort kommt es zur Verschmelzung mit der PM. Sowohl im ER als auch im Golgi kommt es zu posttranslationalen Modifikationen der Rezeptoren. Häufig wird im ER ein Komplex aus Oligosacchariden an Asparagin-Reste gebunden. Diese mannosereiche N-Glykosylierung macht die Polypeptidkette hydrophiler und reduziert die Tendenz zur Aggregation. Durch Gykosidasen und Glykosyltransferasen werden im Golgi-Apparat weitere Zuckerreste entfernt oder angefügt. Es entstehen komplexe N-Glykosylierungen. Die Enzyme des Golgi-Apparates sind zudem in der Lage Oligosaccharide an die Hydroxylgruppe von Threonin oder Serin zu binden. Man spricht dann von O-Glykosylierungen. Diese große Vielfalt an Zuckern spielt eine wichtige Rolle für extrazelluläre Funktionen von GPCR [9].

Sind GPCR in der PM lokalisiert, können extrazellulär Agonisten daran binden, wodurch spezifische Signalwege in der Zelle induziert werden. Nach der

Ligandenbindung kommt es zu einer Konformationsänderung der Rezeptoren, welche die Kopplung von G-Proteinen an die Ligand-Rezeptor-Komplexe ermöglicht. Nach dem Austausch von GDP gegen GTP an der α-Untereinheit der G-Proteine dissoziieren diese von den β/γ-Untereinheiten der Heterotrimere. Je nach Art der Gα-Untereinheit kommt es zur Aktivierung unterschiedlicher Signalkaskaden in der Zelle.

Man unterscheidet vier große Familien von Gα-Untereinheiten [10, 11]. Die stimulierende α-Untereinheit (Gs) diffundiert nach Aktivierung lateral entlang der PM, um die membranständige Adenylatcyclase zu aktivieren. Diese katalysiert die Bildung von cAMP aus ATP. Das gebildete cAMP trägt als *Second Messenger* das Signal ins Zellinnere weiter, wo die cAMP-abhängige Proteinkinase-A aktiviert wird, welche wiederum Empfängerproteine phosphoryliert. Ein Gegenspieler hierbei ist die inhibierende Gi-Untereinheit. Sie inaktiviert die Adenylylcyclase und führt so zur Erniedrigung des intrazellulären cAMP-Spiegels. Die Familie der α-Untereinheiten Gq aktiviert das Effektorenzym Phospholipase-C-β, was zur Bildung von Inositol-1,4,5-triphosphat (IP3) führt. Dadurch kommt es zur Freisetzung von Kalziumionen aus intrazellulären Speichern. Die Kalziumionen binden an die Proteinkinase-C, wodurch diese zur PM transportiert und aktiviert wird [5]. Die Familie G12 der Gα-Untereinheiten aktiviert Rho-GTPasen und dadurch letzten Endes die Phospholipasen-C-ε und -D. Im weiteren Verlauf kommt es zur Aktivierung von *Mitogen-Activated-Protein* (MAP) Kinasen [12].

Die β/γ-Untereinheiten der G-Proteine sind ebenfalls klassifiziert. Sie sind hauptsächlich an der Inaktivierung von Signalkaskaden beteiligt. Ihre Aufgabe besteht z.B. in der Aktivierung von Phospholipasen und G-Protein gekoppelten Rezeptorkinasen (GRK) oder der Inhibierung der Adenylylcyclase [13 - 15]. Im Verlauf der Signalkaskade kommt es zu einer Signalverstärkung durch die freigesetzten *Second Messenger* (wie z.B. cAMP oder Kalziumionen), die auf zahlreiche Empfängerproteine wirken.

Zur Vermeidung einer möglichen Reizüberflutung kommt es im Verlauf der Signaltransduktion zu Desensitisierungsprozessen. Dabei wird der Rezeptor mittels GRK phosphoryliert. Nach Hydrolyse von GTP zu GDP und P_i kann die Gα-Untereinheit erneut an die β/γ-Untereinheit binden womit die Signalweiterleitung an dieser Stelle zum Erliegen kommt. Nach dieser Deaktivierung der GPCR folgt die Rekrutierung und Bindung von β-Arrestinen, die eine G-Protein Kopplung an die Rezeptoren aus sterischen Gründen verhindern. Anschließend erfolgt die Internalisierung der GPCR. Dieser Prozess kann über verschiedene Wege erfolgen, wobei der häufigste über *Clathrin-Coated Pits* und *Caveolae* vermittelt wird. Andere Wege sind z.B. über *Non-Coated* Vesikel oder Makropinosomen möglich. Durch die Internalisierung wird die Rezeptorzahl an der PM reduziert. Danach besteht für einige GPCR die Möglichkeit, zur PM zu recyceln, andere werden in der Zelle lysosomal abgebaut. Allgemein führen lange Stimulationen zu einer „*Down Regulierung*", wodurch die Expression der GPCR in der Zelle reduziert wird [15, 16].

1.1.3. Oligomerisierung

Lange Zeit wurde angenommen, dass GPCR ausschließlich als Monomere vorliegen. Ende der 90er Jahre konnten erste Arbeiten jedoch Oligomerbildungen z.B. beim Vasopressin-V2-Rezeptor (V2R) [17], am *Gonadotropin-Releasing-Hormone*-Rezeptor (GnRHR) [18] und am δ-Opioid-Rezeptor [19] nachweisen. Eine Vielzahl von GPCR wurde seitdem auf die Bildung von oligomeren Komplexen hin untersucht. Auch in natürlichem Gewebe konnten endogen exprimierte GPCR als Oligomere nachgewiesen werden [20]. Wie die Oligomerisierung jedoch auf molekularer Ebene stattfindet und welche Rolle die Oligomere bei der Rezeptorfunktion spielen, konnte bisher nur für wenige GPCR geklärt werden. Für den prototypischen GPCR Rhodopsin, den β2-Adrenergen- und den μ-Opioid-Rezeptor konnte gezeigt werden, dass ein Monomer für die Bindung eines G-Proteins ausreichend ist [21 - 25]. Im Falle von Rhodopsin konnte auch für die Bindung von

Arrestin und für die Phosphorylierung der GRK1 ein Monomer als kleinste funktionelle Einheit nachgewiesen werden [26, 27].

Man geht inzwischen davon aus, dass der Grund für eine Interaktion zwischen GPCR nicht immer die Aktivierung der Signaltransduktion selbst ist, vielmehr sind kooperative und allosterische Effekte beschrieben worden (siehe Abb. 3). Für die *Glycoprotein-Hormone*-Rezeptoren TSHR und FSHR konnten interagierende GPCR gleicher Art, also Homo-Oligomere, nachgewiesen werden, die jeweils eine negative Kooperativität bei der Ligandenbindung zeigten [28]. Auch für die Hetero-Oligomere, also interagierende GPCR unterschiedlicher Art, der Chemokin-Rezeptoren CCR5 und CCR2b wurde eine negative Kooperativität nachgewiesen [29]. Beim LTB4R hingegen löst die Ligandenbindung positiv kooperative Konformationsänderungen aus [30].

Pharmakologisch besonders interessant ist die Möglichkeit unterschiedliche Signalwege über die Bildung von Oligomeren an- bzw. auszuschalten (siehe Abb. 3). Insbesondere die Verringerung der Gi-Kopplung nach Koexpression von δ- und μ-Opioid-Rezeptoren [31, 32] oder CCR5 und CCR2 Chemokin-Rezeptoren [33] ist bislang bekannt. Über die Homo-Oligomere des TSHR hingegen kann sowohl Gs als auch Gq aktiviert werden: Das Hormon TSH bindet zunächst an die N-terminale hochaffine Bindungsstelle am Rezeptor worauf Gs C-terminal koppelt. Wird auch der niederaffine N-Terminus mit TSH besetzt, kommt es zu einer zusätzlichen Gq-Kopplung am Oligomer [34]. Ein weiterer Mechanismus liegt in der Auslösung der Signaltransduktion über eine Transaktivierung. Dabei bindet der Ligand zunächst am N-Terminus eines Rezeptors. Dieser Ligand aktiviert dann die G-Protein Kopplung am benachbarten Rezeptor. Vorgeschlagen wird diese Art der Aktivierung z.B. an bindungs- und signalisierungsdefizienten Mutanten des LH-Rezeptors, welche nur in Kombination in der Lage sind eine Signalkaskade auszulösen [35].

Es sind auch GPCR-Oligomere beschrieben, die bei Transportprozessen zur PM oder bei der Internalisierung eine wichtige Rolle spielen (siehe Abb. 3). Das bekannteste

Beispiel ist der GABA$_B$-Rezeptor, der nur als Oligomer (genauer als Dimer) aus dem ER zur PM transportiert werden kann. Die Untereinheit GABA$_{B1}$ kann aufgrund einer *Coat-Protein-Comlpex I* (COPI) Bindungsstelle am C-Terminus nicht zur PM gelangen. COPI ist ein Proteinkomplex, welcher die Hülle retrograder Transportvesikel im sekretorischen Weg bildet. Erst nach Interaktion mit GABA$_{B2}$ wird diese Bindungsstelle verdeckt. Während GABA$_{B2}$ auch ohne Anwesenheit von GABA$_{B1}$ zur PM transportiert wird, ist der umgekehrte Fall nicht möglich. Für die Signalisierung sind jedoch beide Untereinheiten des GABA$_B$ Rezeptors wichtig: GABA$_{B1}$ für die Ligandenbindung und GABA$_{B2}$ für die G-Protein Kopplung [36].

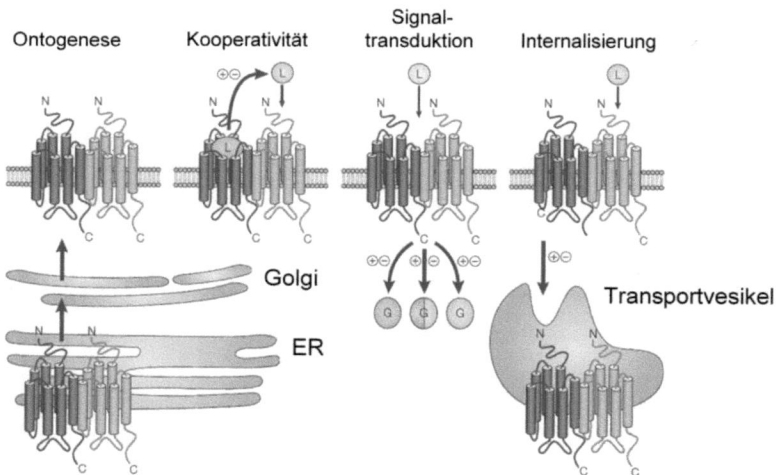

Abb. 3: Funktionen von GPCR-Oligomeren. Oligomerisierungen können im gesamten Lebenszyklus eines GPCR eine Rolle spielen. Hierzu gehört der Transport aus dem ER zur PM, kooperative Ligandenbindung, das Anschalten unterschiedlicher Signalwege über verschiedene G-Proteine, die Internalisierung und der Einbau der Rezeptoren in Transportvesikel. ER = endoplasmatisches Retikulum; G = G-Protein; L = Ligand. Die Abbildung wurde verändert nach [3].

Bei den oben genannten Betrachtungen ist in den meisten Fällen unklar, ob die interagierenden GPCR nur als Dimere oder sogar als höhere Oligomere vorliegen und ob diese Di- oder Oligomere in einer festen, möglicherweise funktionellen, Stöchiometrie aus Monomeren und Dimeren (oder Oligomeren) existieren. Auch die Dynamik der Oligomerbildung ist wenig untersucht. Im Fall der Rezeptor Tyrosin Kinasen ist z.B ein Einfluss des Monomer-Dimer Verhältnisses (M/D) auf deren Aktivität bekannt. Diese Möglichkeit der Rezeptorregulation ist in der Superfamilie der GPCR bislang kaum in Betracht gezogen worden.

Die Art der Interaktion kann bei GPCR sehr verschieden sein. Bislang sind vier Modelle bekannt. Modell 1 beschreibt die Interaktion über kovalente Disulfidbrücken am N-Terminus. Sie spielen z.B. eine Rolle bei der Oligomerisierung des metabotrophen Glutamat-Rezeptors [37]. Das zweite Modell beschreibt sogenannte Kontaktdimere, bei denen es zur Interaktion der TM der einzelnen GPCR kommt. Diese Art der Assoziation wurde für viele rhodopsinähnliche Rezeptoren beschrieben [38 - 40]. Des Weiteren wurden auch Oligo-merisierungen nachgewiesen, bei denen *Coiled-Coil* Interaktionen der Carboxylreste der Rezeptoren eine Rolle spielen, z.B. für die $GABA_B$-Rezeptoren [41]. *Gouldson et al* [42] formulierte außerdem die Hypothese eines intermolekularen Austausches einzelner Transmembrandomänen. Man bezeichnet diesen Mechanismus als „*Domain Swapping*" [42, 43]. In zahlreichen anderen Arbeiten wird diese Hypothese allerdings nicht unterstützt [z.B. 44 - 47].

1.1.4. In dieser Arbeit verwendete GPCR

Die Homo-Oligomerisierung ausgewählter GPCR soll in dieser Arbeit genauer untersucht werden. Dabei sind GPCR der Familie 1 als auch der wenig untersuchten Familie 2 vertreten. Hervorzuheben ist weiterhin, dass die untersuchten GPCR in sehr unterschiedlichen Regionen des Organismus exprimiert werden. Bisherige Studien, die eine Homo-Oligomerisierung für einige der GPCR belegen konnten, lieferten keine Informationen über ein mögliches M/D dieser GPCR. Außerdem ist, wie bei vielen GPCR, trotz einer bekannten Interaktion, der funktionelle Hintergrund noch völlig unklar. Im Folgenden werden die in dieser Arbeit untersuchten GPCR bzgl. ihrer Rolle im Organismus und der Signaltransduktion sowie bereits bekannter Oligomerisierungen charakterisiert.

1.1.4.1. Die *Corticotropin-Releasing-Factor*-Rezeptoren Typ 1 und Typ 2(a)

Corticotropin-Releasing-Factor-Rezeptoren (CRFR) gehören zur Familie 2 der GPCR und regulieren die adrenale Stressachse im Körper über den Hypothalamus und die Hypophyse. Es werden zwei Isoformen von CRFR exprimiert: der *Corticotropin-Releasing-Factor*-Rezeptoren Typ 1 (CRF_1R) und Typ 2 (CRF_2R) [48]. Der natürliche Ligand ist der *Corticotropin-Releasing-Factor* (CRF), welcher im Hypothalamus sezerniert wird und über die Blutbahn zu den Rezeptoren gelangt. Neben CRF haben bei Säugern auch die Urokortine 1-3 eine agonistische Wirkung [49]. CRFR koppeln an Gs, wodurch es zur Aktivierung der Adenylylcyclase und somit zur Erhöhung des zytosolischen cAMP-Spiegels kommt.

Der CRF_1R wird hauptsächlich in der Hypophyse und im zentralen Nervensystem exprimiert. Er bindet CRF mit hoher Affinität und vermittelt endokrine und kognitive Antworten auf Stress, über die Freisetzung des adrenocorticotrophen Hormons (ACTH) aus den corticotrophen Zellen der Hypophyse. ACTH regt die Nebennierenrinde dazu an, Cortisol und andere Glukokortikoide auszuschütten. Diese Hormone regulieren den Glukosehaushalt des Körpers. Die CRF-induzierte Internalisierung sorgt für die Rezeptor „*Down-Regulierung*". Fehlfunktionen des CRF_1R-Signalweges können Depressionen und Angstzustände auslösen [53 - 55]. Für den CRF_1R wurde eine ligandenunabhängige Homo-Oligomerisierung in der PM lebender Zellen nachgewiesen [52, 56]. Des Weiteren wurde die Kopplung an G-Proteine verschiedener Familien beschrieben, neben Gs insbesondere an Gi und Gq [57 - 59].

CRF_2R werden im Zentralnervensystem, aber auch in der Peripherie von Skelettmuskelzellen, Kardiomyozyten und Zellen des Gastrointestinaltraktes exprimiert. Sie werden in drei Subtypen unterteilt: CRF$_{2(a)}$R, CRF$_{2(b)}$R und CRF$_{2(c)}$R. Diese binden CRF mit niedriger und die Urokortine 1-3 mit hoher Affinität und sind an der Regulation der Nahrungsaufnahme [50] und der Erholungsphase des Körpers nach Stressantworten beteiligt [51]. In dieser Arbeit wurde die Homo-Oligomerisierung des CRF$_{2(a)}$R untersucht, welcher im Gegensatz zum CRF$_1$R ausschließlich Gs koppelt. Während für den CRF$_{2(b)}$R bereits Homo-Oligomere nachgewiesen werden konnten [52], ist über die Interaktionen des CRF$_{2(a)}$R und des CRF$_{2(c)}$R bislang nichts bekannt.

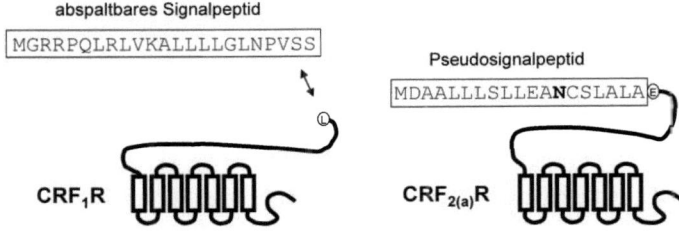

Abb. 4: Schematische Darstellung der CRF$_1$- und CRF$_{2(a)}$-Rezeptoren. Der größte Sequenzunterschied zwischen dem CRF$_1$R und dem CRF$_{2(a)}$R liegt im Bereich des Signalpeptides. Während der CRF$_1$R ein konventionelles abspaltbares Signalpeptid besitzt, verfügt der CRF$_{2(a)}$R über ein Pseudosignalpeptid; eine bislang einzigartige Domäne, bei der die Signalpeptidfunktionen unterdrückt sind. Die Abbildung wurde entnommen aus [61] und verändert.

Die CRFR gehören zu einer kleinen Gruppe von GPCR (5 – 10 %), die ein abspaltbares Signalpeptid besitzen (siehe Abb. 4). Die Abspaltung vom Rezeptor erfolgt nach der Translokation der Aminosäurekette in die ER Membran [7, 8]. Eine Ausnahme bildet der CRF$_{2(a)}$R: Er besitzt ein sogenanntes Pseudosignalpeptid, welches nach Translokation nicht abgespalten wird. Die gewöhnlichen Signalpeptidfunktionen werden beim Pseudosignalpeptid durch einen Aminosäurerest (N13) blockiert (siehe Abb. 4). Durch Mutation dieses Restes (N13A) wird das Pseudosignalpeptid zu einem konventionellen abspaltbaren Signalpeptid umgewandelt [60]. Untersuchungen an Signalpeptidmutanten von CRF_1R und $CRF_{2(a)}R$ zeigen außerdem, dass die Art der gekoppelten G-Proteine vom Signalpeptid abhängig ist. Werden am CRF_1R und am $CRF_{2(a)}R$ die Signalpeptide gegeneinander ausgetauscht, koppelt der CRF_1R mit dem Pseudosignalpeptid des $CRF_{2(a)}R$ nur noch Gs, im Gegensatz zum wildtypischen CRF_1R. Der $CRF_{2(a)}R$ mit dem abspaltbaren Signalpeptid des CRF_1R ist hingegen in der Lage sowohl Gs als auch Gi zu koppeln [61]. Das Pseudosignalpeptid ist bislang einzigartig in der Superfamilie der GPCR.

1.1.4.2. Der Vasopressin-V_2-Rezeptor

Der Vasopressin-V_2-Rezeptor (V_2R) gehört zur Familie 1b der GPCR und ist für die Regulation des Wasserhaushaltes im Körper verantwortlich. Er befindet sich auf der basolateralen Seite der Epithelzellen des Sammelrohres der Niere und bindet dort das Hormon Arginin-Vasopressin (AVP). Dieses wird von der Neurohypophyse ausgeschüttet und gelangt über die Blutbahn zur Niere, wenn es zu einer Verringerung des Plasmavolumens und somit zu einer Erhöhung der Plasmaosmolarität kommt. Nach Bindung des Hormons AVP am V_2R wird eine Gs induzierte Signalkaskade aktiviert. Es kommt zur Erhöhung des cAMP-Spiegels, der Aktivierung der cAMP abhängigen Proteinkinase-A und folglich zur Phosphorylierung von membranständigen Wasserkanälen (Aquaporin 2 [AQP2]), welche intrazellulär in Vesikeln vorliegen. Diese Vesikel fusionieren daraufhin mit der apikalen Membran der Epithelzellen. So kann freies Wasser durch die AQP2-Kanäle aus dem Lumen des Sammelrohrs in die Epithelzellen und von dort über weitere Wasserkanäle (AQP3, AQP4) auf basaler Seite ins Blut gelangen. Die erhöhte Wasserpermeabilität der Epithelzellen führt zur Erhöhung des Plasmavolumens und zur Aufkonzentrierung des Harns [62, 63]. Weitere Auswirkungen der V_2R Aktivierung sind die Erhöhung des Harnflusses über Urea Transporter und die Rückresorption von Na^+ und Cl^- über Na^+-K^+-$2Cl^-$-Symporter im dicken aufsteigenden Ast der Henleschen Schleife [64, 65].

In den Zellen des Sammelrohres werden der V_2R und der Vasopressin-$V_{1(a)}$-Rezeptor ($V_{1(a)}R$) koexprimiert. Es wurde eine Hetero-Oligomerisierung für beide Rezeptoren beschrieben, die sich auf das Recycling des $V_{1(a)}R$ auswirkt [66]. Nach Aktivierung durch einen Agonisten werden beide Rezeptoren internalisiert und in Endosomen transportiert, wobei der $V_{1(a)}R$ gewöhnlich zur PM recycelt. Bei einer stabilen Interaktion mit dem V_2R wird dem $V_{1(a)}R$ jedoch dessen Weg aufgezwungen, d.h. er wird in Lysosomen abgebaut [66]. Weiterhin sind Homo-Oligomere für den V_2R beschrieben [67].

1.1.4.3. Der Endothelin-B-Rezeptor

Die Endothelin-Rezeptoren gehören zur Familie 1a der GPCR; man unterscheidet Endothelin-A-Rezeptoren (ET_AR) und Endothelin-B-Rezeptoren (ET_BR) [68, 69]. Der ET_BR wird vorwiegend in Endothelzellen und in geringeren Konzentrationen in glatten Muskelzellen exprimiert [70]. Zusätzlich werden ET_BR und ET_AR z.B. in Astrozyten, Kardiomyozyten und Epithelzellen der Hypophyse und der Gefässmuskulatur koexprimiert [71 - 73]. Als Agonisten binden die Endotheline 1, 2 und 3 (ET-1, ET-2, ET-3) mit gleicher Affinität an den ET_BR [74], wobei ET-1 nahezu irreversibel bindet [75] und der Rezeptor-Ligand-Komplex selbst nach Internalisierung noch für einige Stunden stabil vorliegt [76, 77]. Beide Endothelin-Rezeptoren besitzen abspaltbare Signalpeptide, welche essenziell für den Transport zur PM sind [78 - 80]. Die Signalkaskade des ET_BR wird über Gi- und Gq/11-Proteine vermittelt [81, 82]. Auch der ET_AR koppelt u.a. an Gq/11. Bei beiden Rezeptoren führt die Aktivierung des Gq/11-Proteins über die Bildung von IP3 zur Freisetzung von Kalzium aus den intrazellulären Speichern. Dadurch können Calmodulin-abhängig Myosin und Aktin interagieren. Zusätzlich aktiviert der ET_AR die GTPase Rho nach Kopplung an G12/13, was zur Dephosphorylierung der leichten Kette von Myosin und letztendlich zur Kontraktion führt. Der ET_BR hingegen stimuliert die Freisetzung von Stickoxid (NO) und Prostacyclin in Endothelzellen; NO diffundiert aus den Endothelzellen in die Muskelzellen und vermittelt deren

Relaxation. Die Desensitisierung der ET-Rezeptoren erfolgt durch Phosphorylierung des C-Terminus durch die GRK Typ 2 [83].

Für die Koexpression von ET_AR und ET_BR in HEK293 Zellen konnte die Bildung von Hetero-Oligomeren nachgewiesen werden, welche wahrscheinlich eine Rolle bei der Bindung von ET-1 als bivalenten Liganden spielen [72, 84]. Weiterhin konnten für den ET_BR und den ET_AR Homo-Oligomere nachgewiesen werden [85, 86].

1.2. Laser Scanning Mikroskopie

Zu Charakterisierung der Homo-Oligomerisierung von GPCR in der PM lebender Zellen, sollten in dieser Arbeit unterschiedliche biophysikalische und fluoreszenzmikroskopische Methoden zum Einsatz kommen. Mit Hilfe dieser Methoden soll ein mögliches M/D der untersuchten GPCR aufgeklärt und Rückschlüsse auf die funktionelle Bedeutung der Rezeptor-Interaktionen gezogen werden.

Ein Vorteil der Laser Scanning Mikroskopie (LSM) liegt in der punktuellen Beleuchtung der Probe durch Laserlicht definierter Wellenlänge. Streulicht aus der Umgebung der Scanebene wird reduziert und die Qualität der räumlichen Abbildung deutlich verbessert. Fluoreszenzsignale in einer Probe können außerdem spektral getrennt werden. Dadurch werden Strukturen die sich in einer Fokusebene befinden durch ihre unterschiedlichen fluoreszenzspektroskopischen Eigenschaften voneinander getrennt. Es besteht weiterhin die Möglichkeit Fluoreszenzsignale zu unterschiedlichen Zeitpunkten und in verschiedenen Bereichen in lebenden Zellen zu messen und zu vergleichen.

1.2.1. Fluoreszenz

Vorraussetzung für die LSM ist eine fluoreszenzmarkierte Probe. Definiert wird Fluoreszenz als die spontane Emission von Licht, die beim Übergang von einem elektronisch angeregten Niveau (S1) in einen Zustand niedrigerer Energie (S0) entsteht. (siehe Abb. 5, Ausschnitt des Jablonski-Diagrams). Merkmale von fluoreszierenden Molekülen sind aromatische Ringsysteme, deren delokalisierte Elektronen in bindenden π-Orbitalen leicht in Wechselwirkung mit der Umgebung treten können. In bindenden Orbitalen liegen Elektronen normalerweise mit antiparallelem Spin vor (Singulettzustände). Die Absorption eines Photons mit der Energie $h\nu_A$ hebt ein Elektron aus dem Singulett-Grundzustand S0 in einen der angeregten Zustände (S1, S2). Befindet sich ein Molekül in einem Schwingungszustand des angeregten Zustands, kann es Energie durch innere Umwandlung an die Umgebung abgeben. Das Molekül gelangt auf diese Weise in den Schwingungsgrundzustand des angeregten Zustands (S1, $v = 0$). Die mittlere Verweildauer im angeregten Zustand (S1) liegt bei vielen fluoreszierenden Molekülen in der Größenordnung von ca. 1 - 10 ns.

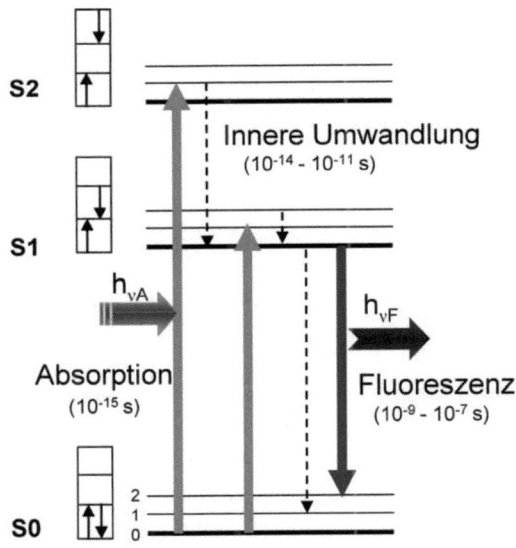

Abb. 5: Ausschnitt des Jablonski-Diagrams. Das Jablonski-Diagram beschreibt sowohl die Energieniveaus angeregter Moleküle als auch mögliche Relaxationsprozesse in den Grundzustand [A. Jablonski 1898-1980]. S0 = Singulett-Grundzustand; S1, S2 = angeregte Singulettzustände; 0,1,2 = Schwingungszustände.

Beim Übergang von S1 nach S0 wird die freiwerdende Energie z.B. als Fluoreszenzphoton ($h\nu_F$) emittiert. Befindet sich ein Molekül in einem höheren Energiezustand (z.B. S2) geht beim Übergang nach S1 Energie verloren. Diese Energiedifferenz zwischen dem S2 und S1 Niveau bedingt, dass das emittierte Photon eine geringere Energie als das absorbierte Photon besitzt und somit die Wellenlänge des emittierten Lichts größer als die des eingestrahlten Lichts ist (*Stokes` Shift*).

1.2.2. Fluoreszierende Proteine

Da die Autofluoreszenz biologischer Strukturen für viele biomedizinische Fragestellungen und mikroskopische Anwendungen nicht genutzt werden kann, werden fluoreszenzmarkierte Antikörper oder andere fluoreszierende Marker eingesetzt. Im letzten Jahrzehnt haben sich natürlich vorkommende Fluoreszenzproteine zur spezifischen Markierung zellulärer Proteine bewährt. Der bekannteste Vertreter natürlich vorkommender Fluoreszenzproteine ist das grün fluoreszierende Protein (GFP) aus der Tiefseequalle *Aequorea victoria* [87]. GFP dient der Qualle möglicherweise zur Anlockung von Beute, zur Kommunikation oder zur Tarnung [88, 89]. Die hochkonservierte Struktur des GFP ist in Abb. 6 dargestellt. Sie besteht aus einer α-Helix, in der sich der Fluorophor befindet. Dieser entsteht bei der Faltung des Proteins durch autokatalytische Prozesse an den Aminosäuren Ser 65 - Tyr 66 - Gly 67 und ist kovalent in der Proteinstruktur verankert [90]. Die Helix ist umgeben von elf tonnenförmig angeordneten, antiparallelen β-Faltblättern (*β-Barrel*) [87].

GFP ist das erste Fluoreszenzprotein, dessen DNA isoliert und kloniert wurde [91]. Durch Mutationen in der Fluorophor-Sequenz und einiger Aminosäuren, die mit dieser Sequenz interagieren, war es möglich GFP-Varianten mit neuen spektralen Eigenschaften zu gewinnen. So konnte z.B. durch die Mutation der Aminosäure Serin zu Threonin an Position 65 (S65T) eine deutlich stärkere Fluoreszenz des Proteins, eine schnellere Faltung und ein geringeres Ausbleichen erreicht werden. Auch die zellschädigende UV Absorption entfällt bei dieser Mutante. Dieses *enhanced* GFP

(EGFP) wird inzwischen in der Forschung überwiegend eingesetzt [92]. Die Klonierung von gelb- und cyanfluoreszierenden Varianten (EYFP, ECFP) schuf die Möglichkeit der zeitgleichen Beobachtung mehrerer Proteine.

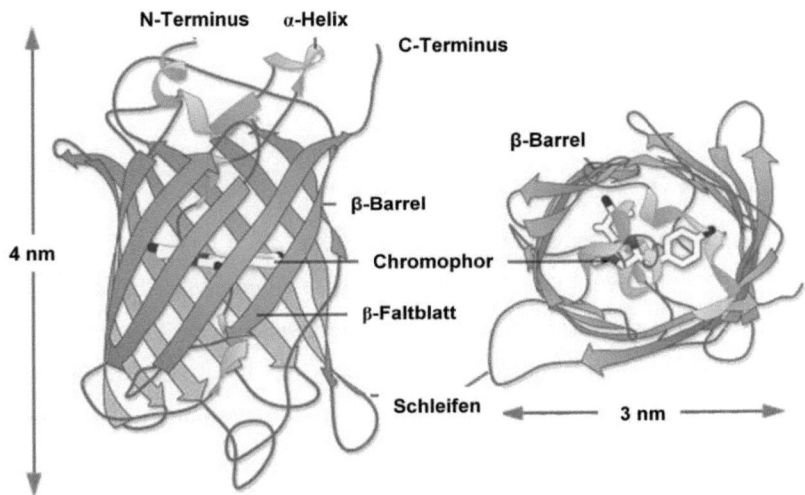

Abb. 6: Raumstruktur von GFP. Die Darstellung zeigt den strukturellen Aufbau eines GFP-Moleküls mit einem *β-Barrel* aus β-Faltblättern (graue Pfeile), welche die chromophore Gruppe umgeben. Diese befindet sich in einer α-Helix im Zentrum des Moleküls. Die Abbildung wurde von http://zeisscampus.magnet.fsu.edu/articles/probes/jellyfishfps.html übernommen.

Inzwischen sind zahlreiche, natürlich vorkommende GFP-ähnliche Proteine gefunden worden. Aus einer Koralle der Gattung *Discosoma striata* konnte ein rot fluoreszierendes Protein isoliert werden, dsRed. Trotz einer geringen Sequenzhomologie, besitzen GFP und dsRed eine nahezu identische Struktur. Im Gegensatz zum monomeren GFP liegt dsRed jedoch als Tetramer vor, welches sich nur sehr langsam bildet [93]. Durch zahlreiche Mutationen von dsRed konnten mehrere monomere Derivate unterschiedlichster rötlicher Fluoreszenz hergestellt werden. Eines davon ist das monomere mCherry-Protein mit einer deutlich erhöhten

Faltungsgeschwindigkeit gegenüber dsRed und einem langwellig verschobenen Absorptionsmaximum bei 587 nm sowie einem Emissionsmaximum bei 610 nm [93]. GFP oder GFP-ähnliche Proteine können zur Aufklärung biologisch und/oder pharmakologisch relevanter Fragestellungen mit anderen Proteinen fusioniert werden. In lebenden Zellen wird die Fluoreszenz dieser Konstrukte mittels LSM detektiert und die Fluoreszenz bzgl. ihrer Intensität, Lebenszeit oder räumlichen und zeitlichen Verteilung analysiert.

1.2.3. Fluoreszenz-Resonanz-Energie-Transfer

Das Phänomen des strahlungslosen Energietransfers wurde 1948 von Theodor Förster entdeckt und beschrieben [94]. Bei der Messung des Fluoreszenz-Resonanz-Energie-Transfers (FRET) handelt es sich um eine biophysikalische Methode mit der es möglich ist, z.B. Protein-Protein Wechselwirkungen *in vivo* zu untersuchen. Die physikalische Grundlage liegt im Transfer der Anregungsenergie von einem Donorfluorophor (Donor) auf ein nicht angeregtes Akzeptormolekül (Akzeptor) ohne Beteiligung eines Photons. Die Energieübertragung findet immer durch einen Singulett-Singulett-Übergang statt (siehe Abb. 5). Zu den wichtigsten Voraussetzungen für diesen Energie-Transfer zählen: eine signifikante Überlappung des Emissionsspektrums des Donors mit dem Absorptionsspektrum des Akzeptors (> 30 %, siehe Abb. 7A) und eine parallele Orientierung der Dipolmomente von Donor und Akzeptor. Für einen detektierbaren Effekt muss der Abstand zwischen diesen beiden unterhalb 10 nm liegen, darf jedoch 1 nm nicht unterschreiten, da in diesem Fall Wechselwirkungen zwischen beiden Molekülen bereits im Grundzustand stattfinden.

In dieser Arbeit wurden GPCR C-terminal mit CFP bzw. YFP fusioniert und ihre Interaktionen in der PM von HEK293 Zellen untersucht (siehe Abb. 7B). Nach Förster lässt sich die Energie-Transfer-Effizienz E_T (%) eines FRET-Prozesses ermitteln (siehe Formel [1]). sie hängt vom Reziprokwert der sechsten Potenz des

Molekülabstandes ab und lässt sich über die Fluoreszenzintensitäten des Donors bestimmen:

$$E_T(\%) = 1 - \frac{I_{DA}}{I_D} \times 100 = \frac{1}{1+(R/R_0)^6} \times 100 \quad (1)$$

Der Försterradius R_0 ist der Abstand, bei dem E_T = 50 % beträgt. Er hängt von der Art der Fluoreszenzmoleküle ab. Für die Fluoreszenzproteine CFP (Donor) und YFP (Akzeptor) wird für R_0 ein Wert von 4,9 nm verwendet [95]. Die Intensitäten I_{DA} und I_D entsprechen der Fluoreszenz des Donors in An- und Abwesenheit des Akzeptors. Über die Messung der Fluoreszenzintensitäten des Donormoleküls lässt sich E_T (%) berechnen und bei bekanntem R_0 der Abstand zwischen Donor und Akzeptor bestimmen.

1.2.3.1. *Photobleaching*-FRET

Konventionelles *Photobleaching*-FRET ist eine viel genutzte Methode zur Aufklärung von Protein-Protein Interaktionen. Eine sehr genaue Art dieser FRET-Messung ist dabei die Detektion von Fluoreszenzspektren am LSM. Beim *Photobleaching*-FRET wird der Akzeptor (z.B. YFP) durch Bestrahlung mit Laserlicht hoher Intensität irreversibel in eine nicht fluoreszierende Konformation umgewandelt (gebleicht). Mit Donor und Akzeptor fusionierte Proteine werden in lebenden Zellen koexprimiert und die Donorintensität vor und nach dem Bleichen des Akzeptors bestimmt. Die Energie-Transfer-Effizienz kann anschließend aus dem Spektrenbereich der maximalen Donorintensität (z.B. CFP) bestimmt werden. Hierbei darf der ausgewählte Spektrenbereich nur einen minimalen Einfluss durch den Akzeptor aufweisen, denn wie in Abb. 7A zu sehen ist, können sich die Emissionsspektren von Donor und Akzeptor überlappen. Es ist also darauf zu achten, eine Direktanregung des Akzeptors (bei Anregung des Donors) zu vermeiden.

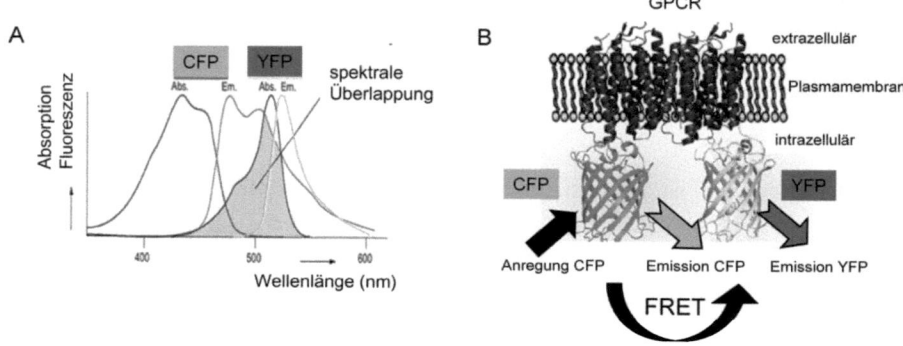

Abb. 7: FRET-Bedingungen. A Das Emissionsspektrum des Donors (Em., CFP) überlappt signifikant mit dem Absorptionsspektrum des Akzeptors (Abs., YFP). Die Überlappung dieser Spektren für CFP und YFP ist grün markiert. **B** Schematische Darstellung von C-terminal mit CFP bzw. YFP fusionierten GPCR in der PM lebender Zellen. Nur bei einem Abstand der Fluorophore von 1 - 10 nm und parralleler Orientierung der Dipolmomente wird ein FRET-Signal detektiert. Die Abbildung A wurde aus [http://microscopy.berkeley.edu/courses/tlm/fluor_techniques/FRET_Spectra.gif] und B aus [96] entnommen und verändert.

1.2.4. Fluoreszenzlebenszeit-Mikroskopie

Die Fluoreszenzlebenszeit eines Fluorophors ist definiert als die Zeit, die ein Molekül im angeregten Zustand (S1) verbringt, bevor es in den Grundzustand (S0) zurückkehrt (siehe Abb. 5). Sie ist stark abhängig vom lokalen Umfeld der Moleküle, da sie von Parametern wie pH, Temperatur oder Ionenkonzentration (z.B. Kalzium) beeinflusst werden kann [97]. Um die Fluoreszenzlebenszeit einer Probe zu analysieren, werden zeitaufgelöste Messungen genutzt. Dabei wird gepulstes Laserlicht mit einer Pulsbreite, die deutlich kleiner ist (z.B. fs) als die Abklingzeit der Fluorophore (z.B. ns), verwendet.

Da ein angeregtes Molekül nicht nur über Fluoreszenz sondern zudem über verschiedene strahlungslose Prozesse in den Grundzustand zurückkehren kann, wird die experimentell messbare Fluoreszenzlebenszeit (τ) wie folgt definiert:

$$\tau = 1/(k_f + k_{nr}) \quad (2)$$

dabei ist k_f die Ratenkonstante der Fluoreszenz und k_{nr} die Ratenkonstante zusätzlicher, strahlungsloser Relaxationsprozesse, wie z.B. innere Umwandlung, *Intersystem Crossing (ISC)*, dynamisches *Quenching* durch Kollisionen oder Energie-Transfer auf ein benachbartes Molekül im Grundzustand. So kann die Fluoreszenzlebenszeit von Molekülen eine Abklingkurve zeigen, die komplexer ist als ein einfacher exponentieller Verlauf. Zeitaufgelöste Messungen können den Verlauf von multiexponentiellen Kurven zeigen und sind unabhängig von der Anregungsintensität und der Konzentration der Fluorophore [97, 98]. Durch die mittlere amplitudengewichtete Fluoreszenzlebenszeit (τ_{av}) können die verschiedenen Fluoreszenzlebenszeiten, die einer biologischen Probe innewohnen, beschrieben werden [99]:

$$\tau_{av} = \sum_i \alpha_i \tau_i \ , \quad \sum_i \alpha_i = 1 \quad (3)$$

wobei α_i die Amplituden und τ_i die Fluoreszenzlebenszeiten darstellen. Die Interpretation der einzelnen Lebenszeitkomponenten der Fluoreszenz ist aufgrund der Komplexität und der Heterogenität lebender Zellen jedoch oft schwierig. Fluoreszenzlebenszeit-Mikroskopie (FLIM) Messungen werden in dieser Arbeit mit der *Time Correlated Single Photon Counting* (TCSPC) Technik realisiert. Die Probe wird mit einem Lichtpuls angeregt und das erste emittierte Photon gemessen. Da nur ein Photon für ca. 100 Laserimpulse detektiert wird, muss dieses Verfahren oft wiederholt werden, um eine ausreichende Photonenzahl für die Datenanalyse zu erreichen [100]. Die Abklingkurve der Intensität I(t) kann im Anschluss durch folgende Formel angefittet werden:

$$I(t) = \sum_i \alpha_i \exp(-t/\tau_i) \quad (4)$$

1.2.4.1. FLIM-FRET

Durch die spektrale Überlappung des Emissionsspektrums des Donors mit dem Absorptionsspektrum des Akzeptors als Voraussetzung für einen strahlungslosen Energie-Transfer ist, kann es zu einer Anregung des Akzeptor über die Anregungswellenlänge des Donors und damit zur Verfälschung des FRET-Signals kommen. Weiterhin werden in *Photobleaching*-FRET Experimenten, in denen die Akzeptorfluoreszenz komplett gebleicht werden muss, schwache FRET-Signale möglicherweise ausgelöscht. Denn durch ungewolltes Bleichen der Donorfluoreszenz während der Detektion, wären schwache FRET-Signale nicht mehr messbar, da eine geringe Intensitätszunahme des Donors nach dem Akzeptorbleichen gegebenenfalls nicht mehr signifikant ist.

FRET kann nicht nur über intensitätsbasierte Messungen detektiert werden, auch die Fluoreszenzlebenszeit des Donor-Fluorophors ändert sich im Falle eines Energie-Transfers. Im Falle eines FRET kommt es zu einer Verringerung der Fluoreszenzlebenszeit, die über zeitaufgelöste Messungen detektiert werden kann. FRET-Messungen mittels FLIM sind nicht durch die Direktanregung des Akzeptors beeinflusst. Das macht diese Technik zu einer vorteilhaften Methode um Protein-Protein Interaktionen in lebenden Zellen zu messen [97]. FLIM gibt Informationen sowohl in räumlicher als auch in zeitlicher Auflösung. In einem FLIM-FRET Experiment wird die Lebenszeit des Donors in An- und Abwesenheit des Akzeptors gemessen. Die Effizienz des Energie-Transfers kann mit Hilfe von Formel (5) berechnet werden:

$$E_T(\%) = 1 - \frac{\tau_{DA}}{\tau_D} \times 100 \quad (5)$$

wobei τ_{DA} und τ_D die mittleren amplitudengewichteten Fluoreszenzlebenszeiten des Donors in An- und Abwesenheit des Akzeptors sind [98].

1.2.5. Fluoreszenz-Kreuzkorrelations-Spektroskopie (FCCS)

Die Fluoreszenz-Korrelations-Spektroskopie (FCS) ist eine besonders sensitive Technik, die eine Detektion auf Einzelmolekülniveau ermöglicht und einen Einblick in biologische Prozesse bietet. Die Methode basiert auf der Messung von Intensitätsfluktuationen fluoreszierender Moleküle innerhalb eines konfokalen Volumens, welches durch den Laserstrahl und die optischen Linsen des Mikroskops definiert ist. Diese Fluoreszenzintensitäten als Funktion der Zeit (Messspur, F[t]) sind nicht direkt aussagekräftig und müssen deshalb über eine Autokorrelationsfunktion $G(\tau)$ transformiert werden. Dabei steht jedes Intensitätsmaximum für fluoreszierende Moleküle, welche sich im Anregungsvolumen befinden. Bei zeitlich aufeinander folgenden Abtastzeiten können Photonen von ein und demselben Molekül detektiert werden. Die Transformation basiert auf der Korrelation von Fluoreszenzintensitäten zum Zeitpunkt (t) mit denen zum Zeitpunkt (t+τ) in einer Messspur. Die Autokorrelationsfunktion kann anschließend angefittet und Aussagen über die Molekülzahl und die Diffusionszeit der Moleküle im konfokalen Volumen getroffen werden (siehe Abb. 8).

Eine zusätzliche Möglichkeit liefert die zeitliche Korrelation von zwei verschiedenen Fluorophoren im Anregungsvolumen. Man spricht dabei von Fluoreszenz-Kreuzkorrelations-Spektroskopie (FCCS). Damit ist es möglich, die Diffusion eines Fluorophors mit der eines Zweiten (spektral verschiedenen) zeitlich zu korrelieren. Die normierte Kreuzkorrelationsfunktion $G_{ij}(\tau)$ lässt sich in Abhängigkeit von der Intervallzeit (τ) folgendermaßen ausdrücken:

$$G_{ij}(\tau) = \frac{\langle \delta F_i(t) \delta F_j(t+\tau) \rangle}{\langle F_i(t) \rangle \langle F_j(t) \rangle}, \quad i \neq j \quad (6)$$

wobei $F_i(t)$ bzw $F_j(t)$ die Fluoreszenzintensität zum Zeitpunkt t der Spezies i bzw. j beschreibt und $\delta F(t) = F(t) - \langle F(t) \rangle$ die Fluktuationen um die mittlere Intensität ausdrückt. Lässt sich eine Kreuzkorrelation nachweisen, bedeutet dies eine Kodiffusion der Fluorophor-fusionierten Moleküle durch das konfokale Volumen. Eine Kodiffusion ist jedoch nur für den Fall einer Molekülinteraktion gewährleistet.

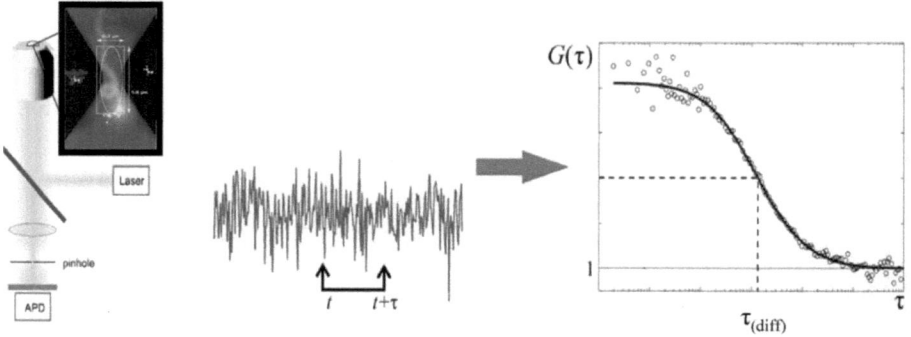

Abb. 8: Grundlagen der FCS. Links: Schematische Darstellung der Diffusion eines Moleküls im konfokalen Volumen. **Mitte**: Beispiel einer Messspur (zeitlicher Verlauf der detektierten Intensitäten). **Rechts**: Aus der Messspur erstellte Autokorrelationskurve (weiße Punkte) und der entsprechende Fit dieser Kurve (schwarze Linie). Die Korrelationskurve konvergiert gegen 1. Die Diffusionszeit $\tau_{(diff)}$ ist die Zeit, die ein Molekül durchschnittlich braucht, um das konfokale Volumen zu durchqueren. Sie ergibt sich aus der Autokorrelationskurve bei halbmaximaler Amplitude (im Wendepunkt der Funktion). Die Amplitude ist der Wert bei dem $G(\tau)$ maximal ist (Plateauphase). Sie gibt an wie viele Moleküle in der gemessen Zeit das konfokale Volumen durchquert haben. Die Abbildung wurde entnommen aus [101] und verändert.

Die FCCS ist eine elegante, biophysikalische Methode, die inzwischen auch bei biologischen und pharmakologischen Fragestellungen ihre Anwendung findet. So konnte z.B. in *Schmidt et al.* [102] gezeigt werden, dass ein monomeres GPCR-Derivat nach Fusion mit dem tetramerbildenden, photokonvertierbaren Fluoreszenzprotein Kaede, weiterhin als Monomer vorliegt. Damit ist Kaede als Fusionsprotein geeignet und bietet die Möglichkeit spezifische Transportprozesse von Proteinen in lebenden Zellen zu untersuchen. *Schmidt et al.* [103] konnte mit Hilfe von FCCS zeigen, dass die Oligomerisierung des *Amyloid Precursor Proteins* (APP) in Anwesenheit des Transmembranrezeptors SORLA unterbunden ist. Weitere Informationen zu dieser Methode sind z.B. in *Elson* [104], *Rigler et al.* [105] und *Haustein and Schwille* [106] zu finden.

Die hier aufgeführten Methoden am LSM (FRET, FLIM-FRET, FCCS) bieten die Möglichkeit alle Kompartimente in der Zelle separat bzgl. der Interaktion von GPCR zu untersuchen. So besteht z.B. die Option sowohl die apikale oder die basale PM der Zellen zu fokussieren. Wobei die apikale Seite für Liganden besser erreichbar ist als die basale Seite, welche auf dem Deckglas liegt. Auch ein Unterschied in der GPCR Oligomerisierung zwischen ER und PM der Zellen könnte mit Hilfe dieser Methoden detektiert werden. Da an lebenden Zellen gemessen werden kann, besteht außerdem die Möglichkeit die Dynamik von Interaktionsprozessen zu untersuchen. Die Bestimmung eines M/D interagierender Transmembranrezeptoren mit Hilfe der vorgestellten Methoden ist bislang nicht bekannt.

2. Zielstellung

GPCR vermitteln extrazelluläre Signale ins Innere der Zelle und gehören zu den wichtigsten Zielstrukturen für derzeit zugelassene Medikamente. Obwohl inzwischen mehrfach GPCR-Monomere als kleinste funktionelle Einheit nachgewiesen wurden, liegen dennoch viele als Oligomere vor. Bislang ist die Funktion dieser Homo- und Hetero-Oligomere für viele GPCR unklar. Einige GPCR-Oligomere zeigen kooperative oder allosterische Effekte und auch für den Transport aus dem ER zur PM oder für die Internalisierung kann eine Interaktion mit anderen GPCR notwendig sein. Zurzeit ist jedoch noch nicht klar, ob das M/D eine funktionelle Rolle spielt, wie es z.B. bei den Tyrosin Kinasen der Fall ist. Bislang gibt es nur wenige Untersuchungen zu diesem Thema, wobei diese stets auf GPCR der Familie 1 beschränkt sind, welche die größte Familie unter den GPCR darstellt.

Ziel dieser Arbeit war es, exemplarisch das M/D von GPCR mit Hilfe von mikroskopischen Einzelzell- und Einzelmolekül-Methoden zu bestimmen. Dabei wurde die Existenz von Dimeren (keine höheren Oligomere) für die untersuchten GPCR angenommen. Zu diesem Zweck wurden GPCR unterschiedlicher Familien miteinander verglichen. Die homologen GPCR CRF_1R und $CRF_{2(a)}R$ der Familie 2 sowie der V_2R der Familie 1a und der ET_BR der Familie 1b sollten in diesem Zusammenhang untersucht werden. Zur Analyse der Protein–Protein Interaktionen bestand die Aufgabe zu Beginn in der Etablierung bzw. Optimierung der mikroskopischen Methoden: FRET, FLIM-FRET und FCCS. Auf diese Weise könnten in Zukunft verschiedene Kompartimente in den lebenden Zellen separat untersucht und verglichen werden. Auch die Messung mit Liganden wäre möglich, da an der apikalen Seite detektiert werden kann.

Der zweite Teil dieser Arbeit konzentriert sich auf die Untersuchung der homologen CRFR und der von *Schulz et al.* [61] beschriebenen Signalpeptidmutanten. Über die genannten mikroskopischen Methoden sollte ein möglicher Zusammenhang zwischen G-Potein Kopplung und Oligomerisierung überprüft werden. Durch einen bislang unbekannten Mechanismus koppelt der CRF_1R sowohl Gs als auch Gi, während der homologe $CRF_{2(a)}R$ ausschließlich Gs koppelt. Über die Signalpeptidmutanten sollte überprüft werden, ob der gegenseitige Austausch des N-Terminus dieser Rezeptoren, der einen Einfluss auf die G-Protein Kopplung hat, sich auch auf das Interaktionsverhalten auswirkt.

3. Material und Methoden

3.1. Material

3.1.1. Chemikalien und Reagenzien

1 Kb-DNA-Ladder	Invitrogen GmbH, Karlsruhe, D
Acrylamid- und Bisacrylamidstammlösung	Carl Roth GmbH & Co. KG, Karlsruhe, D
Ammoniumperoxidisulfat (APS)	Fluka Chemie AG, Buchs, CH
BigDye Terminator v3.0 Kit	Invitrogen GmbH, Karlsruhe, D
Bovines Serumalbumin (BSA)	Sigma Aldrich Chemie GmbH, München, D
Coomassie-Brillantblau G250	Serva Electrophoresis GmbH, Heidelberg, D
Fetales Kälberserum (FKS)	Invitrogen GmbH, Karlsruhe, D
Hoechst 33258	AnaSpec, Fremont, USA
IPTG (Isopropyl-β-D-thiogalactopyranosid)	Carl Roth GmbH & Co. KG, Karlsruhe, D
Lipofectamine2000™ Reagent	Invitrogen GmbH, Karlsruhe, D
Natriumdodecylsulfat, reinst (SDS)	Carl Roth GmbH & Co. KG, Karlsruhe, D
N,N,N´,N´-Tetramethylethylenediamin(TEMED)	Sigma Aldrich Chemie GmbH, München, D
NucleoBond®Xtra Midi Kit	Macherey-Nagel GmbH & Co. KG, Düren, D
NucleoSpin® Plasmid Quick Pure Kit	Macherey-Nagel GmbH & Co. KG, Düren, D
Gel extraction Kit	Macherey-Nagel GmbH & Co. KG, Düren, D
PageRuler™ Plus Prestained Protein Ladder	Fermentas GmbH, St. Leon-Rot, D
Poly-L-Lysin	Sigma Aldrich Chemie GmbH, München, D
RedSafe™ Nucleic Acid Staining Solution	iNtRON Biotechnology, Seongnam, Korea
Restriktionsenzyme	New England Biolabs GmbH, Frankfurt a M, D
RotiLoad, 4fach konzentriert	Carl Roth GmbH & Co. KG, Karlsruhe, D
Trypanblau	Seromed GmbH, Wien, A
Trypsin	Carl Roth GmbH & Co. KG, Karlsruhe, D
T4-DNA Ligase	New England Biolabs GmbH, Frankfurt a. M., D

Hier nicht aufgeführte Chemikalien wurden von folgenden Firmen bezogen: Merck KGaA (Darmstadt, D), Carl Roth GmbH & Co. KG (Karlsruhe, D), Life Technologies (Invitrogen GmbH, Karlsruhe, D), Sigma Aldrich Chemie GmbH (München, D), Perkin Elmer Inc. (Rodgau, D) und New England Biolabs GmbH (Frankfurt a. M., D).

3.1.2. Geräte

Elektrophoresekammern	Mini-PROTEAN® 3 Cell	Bio-Rad Laboratories GmbH, München, D
	PerfectBlue Gelsystem Mini L	PeqLab Biotechnologie GmbH, Erlangen, D
Elektroporationsgerät	Gene Pulser Xcell	Bio-Rad Laboratories GmbH, München, D
Elektroporationsküvetten	*E. coli* Pulser Cuvette	Bio-Rad Laboratories GmbH, München, D
Fluoreszenzmikroskop	Zeiss Axiovert 135 TV	Carl Zeiss MicroImaging GmbH, Jena, D
Geldokumentationssysteme	Molecular Imager Gel Doc XR System	Bio-Rad Laboratories GmbH, München, D
	LumiImager F1TM	Boehringer Mannheim GmbH, Mannheim, D
Inkubator	Cellsafe	Integra BioSciences GmbH, Ratingen, D
	NUNC	Nalge Nunc International, Roskilde, DK
Durchlichtmikroskop	Zeiss Axiovert 40C	Carl Zeiss MicroImaging GmbH, Jena, D
Laser Scanning Mikroskope	LSM 510 META NLO	Carl Zeiss MicroImaging GmbH, Jena, D
	FLIM Setup	Becker&Hickl GmbH, Berlin, D
	LSM710 ConfoCor3	Carl Zeiss MicroImaging GmbH, Jena, D
Pipetten	Research®	Eppendorf GmbH, Hamburg, D

Photometer	Gene Quant pro	Amersham Pharmacia Biotech Europe GmbH, Wien, A
Proteinaufreinigungssystem	Profinia™	Bio-Rad Laboratories GmbH, München, D
Spannungsquelle	Power Pac 300	Bio-Rad Laboratories GmbH, München, D
Sequenziergerät	ABI PRISM™ 3100 Avant Genetic Analyzer	Applied Biosystems Inc, Foster City, USA
Waagen	Sartorius basic, Sartorius analytic	Satorius AG, Göttingen, D
Zellzählgerät	CASY® TT	Schärfe System GmbH, Reutlingen, D
Zellhomogenator	EmulsiFlex®	Avestin Inc., Ottawa, Kan
Zentrifugen	Biofuge pico	Heraeus Sepatech GmbH, Osterode am Harz, D
	3K12 Sigma	Satorius AG, Göttingen, D
	Sorvall RC 5C Plus	DuPont Corp., Delaware, USA
	SVC 100 SpeedVac Savant	GMI Inc., Ramsey, USA

Wasser wurde mit dem Milli-Q Plus Wasseraufbereitungssystem® (Millipore GmbH, Schwalbach, D) von organischen und ionischen Bestandteilen befreit.

3.1.3. Software

In dieser Arbeit wurde die Software Prism5, CloneManager 5.0 für Windows, LSM510 3.2, LSM ZEN 2010, Microsoft Office 2003 (Word, Excel, Power Point), Adobe Photoshop, ImageJ und GMimPro genutzt.

3.1.4. Bakterienstämme und eukaryotische Zelllinie

Bakterienstamm	Genotyp	Herkunft
E. coli DH5α	fhuA2Δ(argF-lacZ)U169 phoA glnV44 Φ80Δ(lacZ)M15 gyrA96 recA1 relA1 endA1 thi-1hsdR17	Stratagene Europe, Amsterdam, NL

E. coli Rosetta DE3	F-*omp*T hsdSB(rB- mB-) gal dcm (DE3) pRARE(CamR)	Novagen, Merck KGaA, Darmstadt, D

Eukaryotische Zelllinie	Merkmale	Herkunft
HEK293	*Human embryonic kidney cells*; mit AdenovirusTyp 5 transformiert (DSMZ-Nr. ACC 305)	DSMZ GmbH, Braunschweig, D

3.1.5. Flüssigmedien, Agarplatten und Antibiotika für Bakterienstämme

Sofern nicht anders vermerkt, wurden sowohl die Flüssigmedien als auch die Medien mit Agarzusatz 15 min bei 120 °C autoklaviert.

LB-Medium	10 g/l Pepton 140, 5 g/l Hefeextrakt, 5 g/l NaCl
SOC-Medium	2 % (w/v) Pepton 140, 0,5 % (w/v) Hefeextrakt, 10 mM NaCl, 2,5 mM KCl später zusetzen: 10 mM $MgSO_4$, 10 mM $MgCl_2$, 20 mM Glucose
LB-Agarplatten	12,5 g Agar/ 100 ml LB-Medium
Antibiotika	Kanamycin 30 µg/ml LB-Medium (Sigma Aldrich Chemie GmbH, München, D) Ampicillin 100 µg/ml LB-Medium (Sigma Aldrich Chemie GmbH, München, D)

3.1.6. Flüssigmedium und Zusätze für eukaryotische HEK293 Zellen

Dulbeccos Modified Eagle's Medium mit und ohne Phenolrot (D-MEM): Sigma Aldrich Chemie GmbH, München, D

Zusätze: 2 mM L-Glutamin, 10 % (v/v) FKS

3.1.7. Desoxyribonukleinsäuren

3.1.7.1. Vektoren

pECFP-N1 (=CFP), pEYFP-N1 (=YFP), pEGFP-N1 (=GFP), pmCherry-N1 (=mCherry): Clontech Laboratories, Inc.A Takara Bio Company, Mountain View, CA, USA

pPal7: Profinity eXact™ Cloning and Expression Kits, Bio-Rad Laboratories GmbH, München, D

3.1.7.2. Rekombinante Plasmide

Plasmidname	funktionelle Bereiche	Referenz
Vektor-Fusionen		
CFP.YFP	ECFP, *Linker: RDPPVAT*, EYFP	Rutz, FMP, Berlin, D
CFP.CFP.YFP	ECFP, *Linker: RDPPVAT*,	Rutz, FMP Berlin, D
	ECFP, *Linker: RDPPVAT*, EYFP	
CFP.CFP.CFP.YFP	ECFP, *Linker: RDPPVAT*,	Rutz, FMP Berlin, D
	ECFP, *Linker: SFAT*,	
	ECFP, *Linker: RDPPVAT*, EYFP	
GFP.mCherry	EGFP, *Linker: RDPPVAT*, mCherry	Rutz, FMP Berlin, D
Rezeptor-Fluoreszenzprotein-Fusionen		
CRF$_1$R-GFP	CRF$_1$R (*Rattus Norvegicus*), EGFP	[60]
CRF$_1$R-CFP	CRF$_1$R (*Rattus Norvegicus*), ECFP	Rutz, FMP Berlin, D
CRF$_1$R-YFP	CRF$_1$R (*Rattus Norvegicus*), EYFP	Rutz, FMP Berlin, D
CRF$_1$R-CFP.YFP	CRF$_1$R (*Rattus Norvegicus*),	Rutz, FMP Berlin, D
	ECFP *Linker: RDPPVAT*, EYFP	
CRF$_1$R-mCherry.flag bzw. CRF$_1$R-mCherry	CRF$_1$R (*Rattus Norvegicus*), mCherry flag	Rutz, FMP Berlin, D
SP2.CRF$_1$R-GFP	Pseudosignalpeptid (SP2) des CRF$_{2a}$R statt des abspaltbaren Signalpeptids (SP1), CRF$_1$R (*Rattus Norvegicus*), EGFP	[61]
SP2.CRF$_1$R-CFP	SP2.CRF$_1$R (*Rattus Norvegicus*), ECFP	Rutz, FMP Berlin, D

SP2.CRF$_1$R-YFP	SP2.CRF$_1$R (Rattus norvegicus), EYFP	Rutz, FMP Berlin, D
SP2.CRF1R-mCherry.flag bzw. SP2.CRF1R-mCherry	SP2.CRF$_1$R (*Rattus Norvegicus*), mCherry, flag	Rutz, FMP Berlin, D
V$_2$R-GFP	V$_2$R (*Homo Sapiens*), EGFP	[107]
V$_2$R-CFP	V$_2$R (*Homo Sapiens*), ECFP	Rutz, FMP Berlin, D
V$_2$R-YFP	V$_2$R (*Homo Sapiens*), EYFP	Rutz, FMP Berlin, D
V$_2$R-CFP.YFP	V$_2$R (*Homo Sapiens*), ECFP, *Linker: RDPPVAT*, EYFP	Rutz, FMP Berlin, D
V$_2$R-mCherry	V$_2$R (*Homo Sapiens*), mCherry	Rutz, FMP Berlin, D
ET$_B$R-GFP	ET$_B$R (*Homo Sapiens*), EGFP	[108]
ET$_B$R-CFP	ET$_B$R (*Homo Sapiens*), ECFP	Rutz, FMP Berlin, D
ET$_B$R-YFP	ET$_B$R (*Homo Sapiens*), EYFP	Rutz, FMP Berlin, D
ET$_B$R-CFP.YFP	ET$_B$R (*Homo Sapiens*), ECFP, *Linker: RDPPVAT*, EYFP	Rutz, FMP Berlin, D
ET$_B$R-mCherry	ET$_B$R (*Homo Sapiens*), mCherry	für diese Arbeit kloniert
CRF$_{2(a)}$R-GFP	CRF$_{2a}$R (*Rattus Norvegicus*), EGFP	[60]
CRF$_{2(a)}$R-CFP	CRF$_{2a}$R (*Rattus Norvegicus*), ECFP	Rutz, FMP Berlin, D
CRF$_{2(a)}$R-YFP	CRF$_{2a}$R (*Rattus Norvegicus*), EYFP	Rutz, FMP Berlin, D
CRF$_{2(a)}$R-CFP.YFP	CRF$_{2a}$R (*Rattus Norvegicus*), ECFP, *Linker: RDPPVAT*, EYFP	Rutz, FMP Berlin, D
CRF$_{2(a)}$R-mCherry.flag bzw. CRF$_{2(a)}$R-mCherry	CRF$_{2a}$R (*Rattus Norvegicus*), mCherry, flag	Rutz, FMP Berlin, D
SP1.CRF$_{2(a)}$R-GFP	abspaltbares Signalpeptid (SP1) des CRF$_1$R statt des Pseudosignalpeptids (SP2), CRF$_{2a}$R (*Rattus Norvegicus*), EGFP	[61]
SP1.CRF$_{2(a)}$R-CFP	SP1.CRF$_{2a}$R (*Rattus Norvegicus*), ECFP	Rutz, FMP Berlin, D
SP1.CRF$_{2(a)}$R-YFP	SP1.CRF$_{2a}$R (*Rattus Norvegicus*), EYFP	Rutz, FMP Berlin, D
SP1.CRF$_{2(a)}$R-mCherry.flag bzw SP1.CRF$_{2(a)}$R-mCherry	SP1.CRF$_{2a}$R (*Rattus Norvegicus*), mCherry, flag	Rutz, FMP Berlin, D

AKAP18α-mCherry	AKAP18α, mCherry	Skroblin, MDC Berlin, D
AKAP18α-YFP	AKAP18α, EYFP	für diese Arbeit kloniert
Proteinaufreinigung		
pPal7.YFP	FKAL, EYFP	für diese Arbeit kloniert

3.1.7.3. Primer

Sequenzierprimer	Sequenz 5′ → 3′
GFP-5′	CGC AAA TGG GCG GTA GGC GTG TA CGG
GFP-3′ seq	CAA CAA CAA TTG CAT TC
GFP-3′	CGC AAA TGG GCG GTA GGC GTG TAC GG
GFP-A-Ende	GCT GCC CGA CAA CCA CCA CTA GAG C
mCherry-5′	GCC CGG CGC CTA CAA CGT CAA CAT CAA G
CFP-3′	CTG CAC GCC CCA GGT CAG GGT GG
CFP-5′	GAA CGG CAT CAA GGC CAA CTT C
YFP-3′	CTG CAG GCC GTA GCC GAA GGT GG
YFP-5′	CTG AGC ACC CAG TC

3.1.8. Antikörper

TIRFM: A6455 anti GFP rabbit polyclonal serum (Invitrogen GmbH, Karlsruhe, D)

3.2. Methoden

3.2.1. Molekularbiologische Methoden

3.2.1.1. Herstellung kompetenter Bakterienzellen

Kompetente Bakterienzellen sind in der Lage größere Mengen an Plasmid-DNA aufzunehmen. Es gibt verschiedene Möglichkeiten die Kompetenz von Bakterienzellen zu erhöhen. Zur Vervielfältigung von Plasmid-DNA wurden in dieser Arbeit sowohl chemisch- als auch elektrokompetente Bakterienzellen genutzt.

Herstellung chemisch kompetenter Zellen

LB-Medium (100 ml) wurde mit 1 ml Übernachtkultur von *E.coli* DH5α oder Rosetta DE3 angeimpft und bei 37 °C und 180 rpm geschüttelt bis eine OD_{600} von 0,8 erreicht war. Die Zellen wurden bei 4 °C und 3500xg abzentrifugiert und in 10 ml eiskalter $CaCl_2$-Lösung (100 nM) resuspendiert. Nach 30 minütiger Inkubation auf Eis und erneuter Zentrifugation (4 °C, 1000 rpm) wurde das Pellet in 2 ml $CaCl_2$ Lösung aufgenommen. Die kompetenten Zellen wurden nach Zugabe von 1 ml Glycerin bei –80 °C in 100 µl Aliquots gelagert. Die chemisch kompetenten Bakterienzellen wurden durch Hitzeschock transformiert.

Herstellung elektrokompetenter Zellen

Mit 25 ml einer Übernachtkultur von *E.Coli* DH5α wurden 500 ml LB-Medium angeimpft und bei 200 rpm geschüttelt bis eine OD_{600} von 0,4 erreicht war. Nach 20 min im Eisbad wurden die Zellen für 15 min bei 1000xg und 4 °C abzentrifugiert. Das Pellet wurde anschließend 4-mal mit eiskaltem Wasser resuspendiert und abzentrifugiert (1000xg, 4 °C, 20 min). Danach wurde das Pellet in 10-prozentigem Glycerol aufgenommen und bei 1000xg und 4 °C, 30 min zentrifugiert. Durch das Glycerol verlieren die Zellen ihre Adhärenz und sind leicht ablösbar, außerdem wird ein Platzen der Zellen beim Einfrieren verhindert. Das Pellet wurde in 1 ml GYT-Puffer resuspendiert, in 40 µl Aliquots in flüssigem Stickstoff schockgefroren und bei –80 °C gelagert.

Material und Methoden

GYT-Puffer: 10 % (w/v) Glycerol, 0,125 % (w/v) Hefeextrakt, 0,25 % (w/v) Trypton, LB-Medium (siehe 3.1.5.)

3.2.1.2. DNA-Isolierung und photometrische Messung der DNA-Konzentration

Die Plasmid-DNA wurde aus Bakterienzellen isoliert, die Konzentration wurde bestimmt und anschließend in definierten Mengen für weitere Versuche genutzt.

Plasmid-DNA Isolierung

Die Isolierung von Plasmid-DNA erfolgte mit folgenden Kits der Firma Macherey-Nagel GmbH & Co KG: *NucleoSpin® Plasmid QuickPure Kit, NucleoBond® Xtra Midi*. Die Plasmid-Isolierung wurde nach den Angaben des Herstellers durchgeführt.

Photometrische Messung der DNA-Konzentration

Die DNA-Konzentration einer verdünnten DNA-Probe wurde mit einem Photometer gemessen. In einer Quarzküvette wurde die OD_{260} der DNA bestimmt. Der bekannte Verdünnungsfaktor erlaubte die direkte Berechnung der DNA-Konzentration (µg/ml). Die Reinheit der DNA wurde über den Quotienten OD_{260}/OD_{280} bestimmt. Er sollte ungefähr 1,8 betragen.

3.2.1.3. Restriktionsverdau und Agarosegelelektrophorese

Spezifische DNA-Spaltung durch Verdau mit Restriktionsendonukleasen

Durch spezifische Restriktionsendonukleasen können DNA-Konstrukte anhand ihres spezifischen Spaltmusters identifiziert werden. Gleichzeitig ist die Spaltung der DNA ein wichtiger Schritt bei der Klonierung. Der Vergleich mit einem Größenstandard ermöglicht die Zuordnung einzelner Fragmente. Die benötigten Restriktionsenzyme und Puffer sowie BSA wurden von der New England Biolabs GmbH (Frankfurt a.M., D) bezogen.

Reaktionsansatz (auf Eis): 1 µg DNA
je 5 U / Restriktionsendonuklease
2 µl 10x Reaktionspuffer
1 µl 10x BSA (falls erforderlich)
$H_2O \rightarrow$ ad 20 µl

Der Reaktionsansatz wurde 30 min bei 37 °C inkubiert. Danach wurde die Reaktion mit 1/5 Volumen Stop-Puffer abgebrochen und die gespaltene DNA zur elektrophoretischen Größenauftrennung auf ein Agarosegel aufgetragen.

Horizontale Agarosegelelektrophorese

Das Agarosegel (1% [w/v] Agarose in TAE-Puffer) enthielt 0,002 % (v/v) des Reagenzes *RedSafe™ Nucleic Acid Staining Solution*. Dieses ermöglichte die Detektion von DNA-Fragmenten, nach ihrer Größe. Die Auftrennung erfolgte bei 0,9 V/cm^2. Die Gele wurden am Molecular Imager Gel Doc XR System (Bio-Rad Laboratories GmbH, München, D) ausgewertet.

TAE-Puffer: 1 mM EDTA; 0,15 % (v/v) Essigsäure, 80 mM TrisHCl (pH 7,1)

3.2.1.4. Aufreinigung von DNA-Fragmenten aus Agarosegelen

Zur Aufreinigung von DNA-Fragmenten aus Agarosegelen wurde das *Gel extraction Kit* der Firma Macherey-Nagel GmbH & Co KG (Düren, D) verwendet. Im Anschluss erfolgte die Ligation der Fragmente zur Klonierung neuer Konstrukte.

3.2.1.5. Ligation und Transformation

Ligation

Um die verdauten und aufgereinigten DNA-Fragmente zu einem vollständigen Plasmid zu ligieren, wurde die T4-DNA-Ligase (New England Biolabs GmbH, Frankfurt a.M., D) verwendet. Die Ligation erfolgte bei Raumtemperatur in einem Ansatz von 20 µl nach den Angaben des Herstellers. Nach einer Inkubationszeit von mindestens 45 min konnte die DNA in kompetente Bakterienzellen transformiert werden.

Transformation

In dieser Arbeit wurden zwei verschiedene Bakterienstämme verwendet:

E. coli DH5α (chemisch- und elektrokompetent): Vermehrung von Plasmid-DNA, Klonierung neuer Konstrukte
E. coli Rosetta DE3 (chemisch kompetent) : Proteinaufreinigung

Hitzeschocktransformation

Chemisch kompetente Bakterienzellen (10 µl) wurden auf Eis aufgetaut und 500 ng Plasmid-DNA zugegeben. Nach 15 min auf Eis erfolgte eine Inkubation für 45 s bei 43 °C und anschließend 2 min auf Eis. Die Zellen wurden in 1 ml LB für 1 h bei 37 °C im Schüttler inkubiert. Dies dient der Expression des auf dem Plasmid kodierten Resistenzproteins. Anschließend wurden die Zellen auf Selektivagarplatten ausplattiert.

Elektroporation (EP)

Die elektrokompetenten Zellen wurden auf Eis aufgetaut und mit 1 µl DNA bei Retransformationen oder 4 µl nach Ligationen in eine vorgekühlte EP-Küvette überführt. Im EP-Gerät (Biorad Gene Pulser XCell) wurde ein Elektroimpuls von 1250 V ausgelöst und die Mischung unverzüglich in 1 ml 37 °C warmes SOC-Medium (siehe 3.1.5.) pipettiert. Bei der Elektroporation erhöht ein elektrischer Impuls für kurze Zeit die Permeabilität der Zellwand, wodurch das Einbringen der rekombinanten DNA-Moleküle erleichtert wird. Die Zellsuspension wurde für 1 h bei 37 °C inkubiert und anschließend auf Agarplatten ausplattiert.

3.2.1.6. Sequenzierung

Die Sequenzierung der DNA erfolgte über die Didesoxymethode nach Sanger. Dazu wurde das *BigDye Terminator v3.0 Kit* (Invitrogen GmbH, Karlsruhe, D) verwendet. Es enthält fluoreszenzmarkierte Didesoxynukleosidtriphosphate (ddNTP´s), die jeweils mit einem anderen Fluoreszenzmarker konjugiert sind. Durch die ddNTP´s entstehen Kettenabbruchprodukte, die ihrer Größe nach durch eine Kapillarelektrophorese aufgetrennt werden und aufgrund ihrer unterschiedlichen Marker detektiert werden können. Die folgenden Tabellen zeigen den Sequenzieransatz und die anschließende PCR:

Reaktionsansatz: 0,25 µl   *BigDye*
　　　　　　　　　1,9 µl   400 mM Tris-HCl (pH 9,2), 10 mM MgCl$_2$
　　　　　　　　　500 ng   Plasmid-DNA
　　　　　　　　　1 µM   Primer
　　　　　　　　　H$_2$O → ad 10 µl

PCR-Programm:

	Temperatur	Zeit	Zyklen
Denaturierung	96 °C	10 s	
Hybridisierung	50 °C	5 s	25
Elongation	60 °C	4 min	
Kühlung	4 °C	∞	1

Nach der PCR wurde das Sequenzierprodukt durch die Fällung mit Ethanol aufgereinigt. Es wurde mit 1 µl Natriumacetat-EDTA-Puffer (1,5 M Natriumacetat [pH 8,0], 0,25 mM EDTA) und 40 µl 95 % (v/v) Ethanol gemischt und für 20 min auf Eis gestellt. Nach Zentrifugation (20 min, 20000×g) wurde mit 200 µl 70 % (v/v) Ethanol gewaschen und die DNA in der Vakuumzentrifuge getrocknet. Im Institutseigenen Sequenzierlabor wurden die Proben im automatischen Sequenzierer *ABI PRISM™ 3100 Avant Genetic Analyzer* (Applied Biosystems Inc., Software SeqMan™2, Foster City, USA) gemessen und ausgewertet.

3.2.2. Proteinbiochemische Methoden

3.2.2.1. Aufreinigung von rekombinantem YFP aus Bakterienzellen

Proteinexpression

Das Fluoreszenzprotein YFP wurde in den Vektor pPal7 kloniert und sequenziert. Die Transformation erfolgte in Rosetta DE3. Aus einer Vorkultur wurden 75 ml Bakteriensuspension in 1 l LB-Medium angeimpft und geschüttelt bis eine OD_{600} von 0,7 erreicht war. Danach wurde die Expression für 2 h mit 1 mM IPTG induziert. Nach dieser Zeit wurden die Bakterien abzentrifugiert (Sorvall SLA-3000, 5000xg, 10 min, 4°C), das Pellet gewogen und bei -80 °C eingefroren. Zuvor erfolgte bei einer Testexpression, vor und nach Induktion, die Entnahme von Proben im 1 ml Maßstab. Das YFP-exprimierende Plasmid besitzt einen *profinity tag* und die für die Protease Subtilisin wichtige Erkennungssequenz FKAL. Somit eignet sich das entstandene Protein für die Aufreinigung mit dem System *Profinity eXact^{TM} Purification Resin* (Bio-Rad Laboratories GmbH, München, D).

Proteinaufreinigung

Das gefrorene Bakterienpellet wurde auf Eis aufgetaut und mit Lysispuffer resuspendiert (10 ml Puffer auf 1 g Pellet). Im EmulsiFlex (Avestin Inc., Ottawa, Kan.) erfolgte dann der Zellaufschluss. In der Ultrazentrifuge (Beckmann 45 Ti UZ Rotor; 40000xg, 30 min, 4 °C) wurde das Homogenat abzentrifugiert und der Überstand partikelfrei filtriert. Die Aufreinigung erfolgte in der Profinia^{TM} (Bio-Rad Laboratories GmbH, München, D) nach dem Prinzip der Affinitätschromatografie und nach den Angaben des Herstellers. Die Probe wurde dazu auf eine *profinity eXact Säule* (5 ml) aufgetragen. Die Bindung an die Säulenmatrix erfolgte über den *profinity tag*. Im nächsten Schritt wurde ungebundenes Material von der Säulenmatrix gewaschen. Danach konnte die aktivierte Protease Subtilisin hinter der Spaltsequenz FKAL schneiden und das Protein auf eine zweite Säule eluiert werden. Über diese Entsalzungssäule wurde das Protein umgepuffert, ein Natriumphosphatpuffer (50 mM NaCl, 20 mM Na_2HPO_4, pH 7,4) ersetzte dabei den

Fluoridpuffer. Das gereinigte YFP wurde im SDS-Gel auf seine Reinheit überprüft und die Konzentration über den Bradford-Test (3.2.2.3.) bestimmt.

Lysispuffer: 1 µl Proteaseinhibitor Mix/ 1 ml Natriumphosphatpuffer

Natriumphosphatpuffer: 0,1 M Na_2HPO_4 und 0,1 M NaH_2PO_4, pH 7,2)

3.2.2.2. SDS-PAGE und Coomassie-Brilliantblau Färbung
SDS-Polyacrylamid-Gelelektrophorese (SDS-PAGE)

Bei der SDS-PAGE werden Proteine im elektrischen Feld nach ihrer Größe aufgetrennt. Da das Molekulargewicht für jedes Protein spezifisch ist, können nach der Auftrennung die isolierten Proteine identifiziert und die Reinheit der Probe abgeschätzt werden. Eine entscheidende Rolle bei der Auftrennung spielt das anionische Detergenz SDS, welches für den Ladungsausgleich und die Aufspaltung der Wasserstoffbrückenbindungen, sowie der Tertiär- und Sekundärstruktur sorgt. So ist gewährleistet, dass Proteine der Größe nach aufgetrennt werden können.

Zwischen zwei Glasplatten (1 mm Abstand) wurde zuerst das Trenngel gegossen. Nach dem Polymerisieren des Trenngels wurde das Sammelgel aufgetragen. Das Gel lief in der mit Laufpuffer gefüllten Kammer mit einer Spannung von 0,25 mA/cm^2 über 1,5 h. Als Proteinstandard wurde ein vorgefärbter Proteinmarker verwendet.

Laufpuffer: 3 g/l Tris, 14,4 g/l Glycin, 1 g/l SDS, pH 7,3

Zusammensetzung der Gele

	Trenngel 8%	Sammelgel
AA-Bis (30 %/ 0,8 %)	3 ml	835 µl
Tris HCl	5,625 ml (0,75 M; pH 8,8)	625 µl (0,625 M, pH 6,8)
SDS 20 %	56,5 µl	25 µl
TEMED	5,65 µl	5 µl
H_2O	2,5 ml	3,5 ml
APS 10 %	79 µl	25 µl

Coomassie-Brilliantblau Färbung

Coomassie-Brilliantblau G-250 dient der Anfärbung von Proteinen im Polyacrylamid-Gel. Das Gel wurde zunächst für 10 min in Coomassie-Brilliantblau Reagenz (50 % [v/v] Methanol, 10 % [v/v] Essigsäure, 0,05 % [w/v] Coomassie G-250) geschüttelt. Die Entfärbung erfolgte in 10 % (v/v) Essigsäure bis die Proteinbanden deutlich sichtbar waren.

3.2.2.3. Proteinbestimmung nach Bradford

Der Bradford-Test eignet sich zur Bestimmung von Proteinkonzentrationen. Unter sauren Bedingungen bindet das Coomassie-Bradford Reagenz (Thermo Fisher Scientific, Rockford, USA) an unpolare und kationische Seitenketten von Proteinen. Diese Bindung bewirkt eine Verschiebung des Absorptionsmaximums von 465 nm zu 595 nm, die photometrisch ermittelt werden kann. Die Absorption der Proteinprobe wurde mit der einer Standardprobe verglichen. In dieser Arbeit wurde BSA bekannter Konzentrationen (0 | 0,125 | 0,25 | 0,5 | 0,75 | 1 | 1,5 | 2 g/l) für die Erstellung einer Standardkurve verwendet. Es wurden 5 µl der Proteinproben vorgelegt und mit 250 µl des Coomassie-Bradford Reagenzes gemischt. Im *EnSpire® Multimode Plate Reader* (Perkin Elmer, Rodgau, D) wurde die Absorption bei 595 nm gemessen. Aus dem Anstieg der linearen Standardkurve für BSA (Absorption gegen Konzentration) konnte im Anschluss die Konzentration von YFP bestimmt werden.

3.2.3. Zellkulturtechniken

3.2.3.1. Beschichtung von Deckgläsern

Die Beschichtung von Deckgläsern mit Poly-L-Lysin verbessert bei HEK293 Zellen die Adhärenz, da die negativ geladene Zellmembran mit dem positiv geladenen Poly-L-Lysin über elektrostatische Kräfte interagieren kann. Auf Deckgläsern mit einem Durchmesser von 30 mm wurden 500 µl Poly-L-Lysin (0,1 mg/ml) aufgetragen und 30 min inkubiert. Nach Entfernen der Lösung trockneten die Deckgläser für eine 1 h bei RT.

3.2.3.2. Transiente Transfekion von HEK293 Zellen

Da die negativ geladene DNA die PM von Zellen nur schwer passieren kann, müssen Transfektionsmittel eingesetzt werden, um die DNA in die Zellen zu bringen. Die DNA wird hierbei mit kationischen Lipiden markiert und der entstandene Liposomen-Nukleinsäure-Komplex kann mit der PM der Zelle fusionieren. 1 µg Plasmid-DNA und 2 µl Lipofectamin^{TM}2000 Transfektionsreagenz wurden für 5 min in jeweils 250 µl DMEM inkubiert. Die Ansätze wurden gemischt und erneut für 20 min inkubiert. Die Transfektion erfolgte 24 h nach Zellaussaat (1,5 x10^5 Zellen) in 35 mm Schalen auf einem Poly-L-Lysin beschichteten Deckglas (Ø 30 mm). Nach weiteren 24 h konnten die transfizierten Zellen für die Versuche verwendet werden.

3.2.4. Konfokale Mikroskopie

Bei der konfokalen Mikroskopie wird ein aufgeweiteter Laserstrahl über einen Hauptfarbteiler zur Probe gelenkt. Der Hauptfarbteiler ist ein dichroitischer Spiegel, der das Anregungslicht reflektiert, für andere Wellenlängen jedoch durchlässig ist. So wird gewährleistet, dass kein Anregungslicht, welches z.B. von der Probe oder vom Deckglas reflektiert wird, zu den Detektoren gelangt. Der Laserstrahl wird über die Objektivlinse gebündelt, wodurch die Probe durch den fokussierten Laserstrahl punkt- und zeilenförmig gerastert (gescannt) werden kann. Von der Probe emittiertes Licht kann den Hauptfarbteiler passieren und gelangt über den Emissionsfilter für die spektrale Auswahl zum Detektor. Durch eine zur Fokusebene konjugierte Lochblende (Pinhole) in der Zwischenbildebene wird zuvor sicher gestellt, dass nur die Fluoreszenz aus dieser Ebene (Fokusebene des Objektivs) detektiert wird. Streulicht aus anderen Ebenen kann die Blende nicht passieren. Das ermöglicht eine Tiefendiskriminierung in z-Richtung. Oft werden *Photomultiplier Tubes* (PMT), die Lichtsignale in elektrische Impulse umwandeln, als Detektoren verwendet. Empfindlichere Detektoren sind z.B. *Avalanche* (Lawinen)-Photodioden (APD), die durch ihr besseres Signal-Rausch-Verhältnis eine Aufsummierung schwacher Photonensignale erlauben.

Die mikroskopischen Untersuchungen wurden an einem LSM510 META NLO (Carl Zeiss MicroImaging GmbH, Jena, D) durchgeführt. Im Falle der FCS Messungen wurde ein LSM710 ConfoCor3 (Carl Zeiss MicroImaging GmbH, Jena, D) genutzt. Bei allen mikroskopischen Untersuchungen wurden transient transfizierte, lebende HEK293 Zellen mit 37 °C warmem DPBS++ (*Dulbecco's Phosphate-Buffered Saline*) benetzt:

DPBS++: 10,67 g/l NaCl; 0,27 g/l KCl; 0,27 g/l KH_2PO_4; 1,54 g/l Na_2HPO_4; 1,33 g/l $CaCl_2*2H_2O$, 1 g/l $MgCl_2*6H_2O$; pH 7,4

3.2.4.1. Kolokalisation

Um die Verteilung der fluoreszenzmarkierten GPCR in lebenden Zellen zu studieren, können Zellkompartimente spezifisch angefärbt werden. GPCR sind Transmembranrezeptoren, die in der PM eukaryotischer Zellen lokalisiert sind. Bei intakten Zellen kann der anionische Farbstoff Trypanblau an membranständige Proteine binden und es kommt zu einer spezifischen Färbung der Plasmamembran. Nur bei nicht vitalen Zellen kann Trypanblau in die Zelle eindringen und auch zytosolische Proteine anfärben. Damit ist Trypanblau auch ein Marker für die Vitalität von Zellen [109]. Um ein definierteres Bild der Zellen zu erhalten wurde zusätzlich mit dem Farbstoff Hoechst 33258 der Zellkern gefärbt.

Ein Deckglas mit HEK293 Zellen wurde 24 h nach Transfektion in eine Küvette überführt und mit Hoechst 33258 (40 µM) in 500 µl DPBS++ für 10 min bei 37 °C inkubiert. Nach anschließendem Zutropfen der Trypanblaulösung (Endkonzentration 0,05 % w/v) konnte sofort mit der Messung begonnen werden. Für diese Versuche wurde ein Plan-Apochromat 100x/1.40 Oil Objektiv (Carl Zeiss MicroImaging GmbH, Jena, D) verwendet. Für die Auswertung und Darstellung der Zellen wurde die LSM Software ZEN 2010 (Carl Zeiss MicroImaging GmbH, Jena, D) genutzt.

Die mikroskopischen Einstellungen für die Kolokalisationsstudien sind in der folgenden Tabelle angegeben:

Fluorophor	Hoechst 33258	GFP	Trypanblau
Laser	Titan-Sapphire	Argon	Helium-Neon
Anregung	800 nm	488 nm	543 nm
Hauptfarbteiler	HFT KP 650	HFT 488	HFT KP 700/543
Nebenfarbteiler	NFT 545, NFT 490	—	NFT 545
Emissionsfilter	BP 435-485	BP 500-530	LP 560
Pinhole	offen	1,5 airy unit	1,5 airy unit

3.2.4.2. FRET

Der Fluoreszenz-Resonanz-Energie-Transfer kann über verschiedene Parameter gemessen werden (siehe 1.2.3. und 1.2.4.). In dieser Arbeit wurden sowohl Fluoreszenzspektren aufgenommen als auch Fluoreszenzlebenszeiten gemessen. Für diese Messungen wurde zur CFP-Anregung die Zell- und Gewebeschonende Zweiphotonentechnik genutzt. Diese Art der Detektion ermöglicht eine Anregung mit 810 nm ($\triangleq$ in etwa 405nm). Bei dieser Wellenlänge erfolgte nur eine minimale Anregung von YFP (siehe 4.2.1.1.). Vor der Aufnahme der Fluoreszenzspektren bzw. Fluoreszenzlebenszeiten wurde jeweils ein Intensitätsbild der Zellen detektiert, um die Fluoreszenzintensität der CFP- bzw. YFP-fusionierten GPCR bestimmen zu können. Für die Untersuchungen wurden Zellen mit gleicher Fluoreszenzintensität im CFP bzw. YFP Kanal ausgewählt.

FRET-Spektren

Konventionelles *Photobleaching*-FRET belastet die untersuchten lebenden Zellen durch hohe Laserintensität während des Bleichens und viele Messungen (vor und nach dem Bleichen). Außerdem kann es während dessen zu einem unerwünschten Bleichen des Donors kommen. Theoretisch sollte es jedoch möglich sein, das Bleichen des Akzeptors durch eine Berechnung des gebleichten Spektrums zu umgehen. Dadurch könnte ein ungewolltes Ausbleichen des CFP durch die zahlreichen Belichtungen reduziert werden, da das erneute Scannen nach dem Akzeptorbleichen entfällt. Die Intensitätszunahme des CFP nach dem Bleichen von YFP kann unter Berücksichtigung der Fluoreszenzquantenausbeuten (Φ) beider Fluoreszenzproteine berechnet werden. Die Fluoreszenzquantenausbeute (Φ) eines Moleküls beschreibt das Verhältnis der Anzahl emittierter Photonen zur Anzahl absorbierter Photonen. Wichtig bei dieser Art der FRET-Messung sind definierte Einstellungen am LSM, die eine Direktanregung von YFP ausschließen. Die mikroskopischen Einstellungen für die Messung der Fluoreszenzspektren und der Intensitätsbilder sind in der folgenden Tabelle angegeben:

Fluorophor	CFP	YFP	CFP$_{Spektren}$
Laser	Titan-Sapphire	Argon	Titan-Sapphire
Anregung	810 nm	514 nm	810 nm
Hauptfarbteiler	HFT KP 650	HFT 458/514	HFT KP 650
Nebenfarbteiler	—	NFT 515	—
Emissionsfilter	BP 430-505	BP 516-650	BP 430-650
Pinhole	offen	1,5 airy unit	offen

Fluoreszenzspektren von CFP-fusionierten GPCR in An- und Abwesenheit der YFP-fusionierten Rezeptoren wurden gemessen. Die Energietransfereffizienz (E_T) wurde mit Hilfe des spektralen Bereiches mit höchster CFP-Intensität (436 - 489 nm) und gleichzeitig kleinstem YFP-Signal (< 1 %) nach folgender Formel berechnet:

$$E_T(\%) = (1 - \frac{\sum_{436}^{489} I_{DA}(\lambda)}{\sum_{436}^{489} I_D(\lambda)}) \times 100 \quad (7)$$

wobei I_{DA} die Fluoreszenzintensität von CFP (D, Donor) in Anwesenheit von YFP (A, Akzeptor) und I_D die Fluoreszenzintensität von CFP in Abwesenheit von YFP darstellen. Um die lebenden Zellen nicht unnötig durch Belichtung zu strapazieren und ein Ausbleichen von CFP während der Messung zu reduzieren, wurde der mögliche Zuwachs der CFP-Intensität nicht durch das Akzeptorbleichen bestimmt, sondern berechnet. Als Kontrolle zur Funktionalität dieser FRET-Methode wurden *Photobleaching*-FRET-Experimente an einem CFP.YFP Tandem Konstrukt durchgeführt und die gemessene Intensitätszunahme mit der berechneten verglichen. Zum Bleichen von YFP wurde ein ROI (*region of interest*) im Zytosol der Zellen festgelegt und die Laserintensität bei 514 nm auf 100 % gesetzt. Die Bleichzeit im ROI betrug 60 s. Direkt im Anschluss wurde erneut ein Fluoreszenzspektrum aus einem mittigen Bereich des ROI aufgenommen. Die Datenanalyse erfolgte mit Hilfe der LSM510 3.2 Software (Carl Zeiss MicroImaging GmbH, Jena, D). Vor jeder Spektrenauswertung erfolgte die Subtraktion des Hintergrundsignals. Unter der Annahme eines kompletten Bleichens der YFP-Fluoreszenz der jeweiligen Zellen, wurde unter Berücksichtigung der verschiedenen Quantenausbeuten der Fluorophore folgende Formel für die Berechnung von E_T genutzt:

$$\sum_{436}^{489} I_D(\lambda) = \sum_{436}^{489} \hat{I}_{DA}(\lambda) + \sum_{436}^{489} \hat{I}_{DA}(\lambda) \times \frac{\left[(\sum_{436}^{650} \hat{I}_{DA}(\lambda) - \sum_{436}^{650} \hat{I}_D(\lambda)) \times \frac{\phi_D}{\phi_A} \right]}{\sum_{436}^{650} \hat{I}_{DA}(\lambda)} \quad (8)$$

wobei $\hat{I}_{DA}$ die normalisierte Fluoreszenzintensität von CFP in Anwesenheit von YFP und $\hat{I}_D$ die normalisierte Fluoreszenzintensität von CFP nach Bleichen von YFP beschreiben. Die Parameter Φ_D and Φ_A sind die Fluoreszenzquantenausbeuten von CFP bzw. YFP [110]. Die Variable $\hat{I}$ beschreibt die normierten Fluoreszenzspektren mit einem Maximum von 1 bei 468 nm.

FLIM-FRET

Für die FLIM-FRET-Messungen wurde das FLIM-Setup von Becker&Hickl (Becker&Hickl, Berlin, D) genutzt, welches auf der Technik des *Time Correlated Single Photon Counting* (TCSPC) basiert. Bei dieser Methode wird der Zeitunterschied zwischen Anregung (z.B. in Form des Laserimpulses) und Emission eines fluoreszierenden Photons wiederholt gemessen. Aus dem Integral über eine definierte Region (ROI) wird die Abklingkurve für die mittlere amplitudengewichtete Fluoreszenzlebenszeit in der PM ermittelt. Die mikros-kopischen Einstellungen für die Detektion dieser Fluoreszenzlebenszeiten in Anwesenheit (τ_{DA}) und Abwesenheit vom Akzeptor (τ_D) sowie der zweikanaligen Intensitätsbilder sind in der folgenden Tabelle angegeben:

Fluorophor	CFP	YFP	CFP_{FLIM}
Laser	Titan-Sapphire	Argon	Titan-Sapphire
Anregung	810 nm	514 nm	810 nm
Hauptfarbteiler	HFT KP 650	HFT 458/514	HFT KP 650
Nebenfarbteiler	—	NFT 515	—
Emissionsfilter	BP 430-505	BP 516-650	BP 450-490
Pinhole	offen	1,5 airy unit	offen

Die Datenanalyse erfolgte mit Hilfe der SPC-Image-Software (Becker&Hickl, Berlin, D), wobei die gerätespezifische *Instrument Response Function* (IRF) des Systems berücksichtigt wurde. Die gemessenen Fluoreszenzlebenszeiten folgten einer exponentiellen Abklingkurve. Der optimale Fit dieser Kurve erfolgte über einen 3-fach exponentiellen Fit, wobei dessen Qualität über den χ^2 Wert bestimmt wurde. Das Anfitten multiexponentieller Kurvenverläufe erfordert eine hohe Zahl an detektierten Photonen. Die Zeit für eine Messung betrug deshalb 80 s (mittlere Photonenzahl ~ 5×10^4 Photonen/s) wobei ein Bild mit 256 x 256 Pixeln erstellt wurde. Jedes Pixel enthielt dabei Informationen über die in diesem Bereich detektieren Fluoreszenzlebenszeiten. Fluoreszenzproteine wie CFP sind für den multiexponentiellen Verlauf ihrer Fluoreszenzlebenszeiten in lebenden Zellen bekannt [98]. Da es schwierig ist, die einzelnen Komponenten einer Fluoreszenzlebenszeit genau zu interpretieren, wurde für jede einzelne Zelle die mittlere amplitudengewichtete Fluoreszenzlebenszeit (τ_{av}) von CFP verwendet (Formel [4]). Diese Fluoreszenzlebenszeiten von CFP in An- bzw. Abwesenheit des Akzeptors YFP wurden genutzt, um nach Formel (5) E_T (%) zu berechnen.

3.2.4.3. FCCS

Die FCCS-Messungen wurden am LSM710 ConfoCor3 (Carl Zeiss MicroImaging GmbH, Jena, D) durchgeführt. Mit diesem Mikroskop können Messungen nahe am Deckglas durchgeführt werden, ohne dass das Fluoreszenzsignal durch Reflexionen gestört wird. Das ermöglicht Messungen an der basalen PM, die durch ihren Kontakt zum Deckglas weniger beweglich ist, was die Signalqualität der Messspur verbessert.

Da bei FCCS-Messungen an CFP keine geeigneten Messspuren detektiert werden konnten, wurden die Fluorophore GFP und mCherry C-terminal an die zu untersuchenden GPCR fusioniert. Zur Messung diente ein 40x/1.2korr Wasser Objektiv (Carl Zeiss MicroImaging GmbH, Jena, D). Die zweikanalige Messung erfolgte 10-mal für jeweils 1 s für zytosolisches GFP bzw. mCherry und 25-mal für jeweils 4 s für die fluoreszenzmarkierten Transmembranrezeptoren. Mindestens 100 Zellen in 5 verschiedenen Versuchen wurden für jeden Rezeptor vermessen.

Die Einstellungen am Mikroskop können der folgenden Tabelle entnommen werden. Sie wurden für alle FCCS-Versuche beibehalten.

Fluorophor	GFP	mCherry
Laser	Argon	DPSS
Anregung	488 nm	561 nm
Hauptfarbteiler	HFT 488/561	HFT 488/561
Nebenfarbteiler	NFT 565	NFT 565
Emissionsfilter	BP 505-540	LP 580
Pinhole	1 airy unit	1 airy unit

Bei den Detektoren handelte es sich nicht um *Photomultiplier* sondern um *Avalanche* Dioden. Diese erreichen beim Zählen einzelner Photonen Zählfrequenzen bis zu 100 MHz, was eine wichtige Voraussetzung für die anschließenden Korrelationsanalysen der Messsignale ist. Für Moleküle im Zytosol wurden die Korrelationskurven mit Hilfe eines Modells für freie Diffusion mit einer Komponente in drei Dimensionen (mit Tripletfunktion und Offset) erstellt (Modell 1). Für membranassoziierte Proteine wurde ein Modell für freie Diffusion mit zwei

Komponenten in zwei Dimensionen (mit Tripletfraktion und Offset) verwendet (Modell 2). Für die Erstellung der Korrelationskurven diente die ZEN 2010 Software. Das Modell 2 mit zwei Komponenten wurde für die zweidimensionalen Messungen verwendet, um die Kurven anzufitten, wobei die Qualität des Fits über den χ^2 Wert bestimmt wurde. Die erste Komponente war zu schnell, um einer Diffusion in der PM zu entsprechen und so wurde die zweite Komponente als die aussagekräftige angesehen [104]. Vermutlich entsteht die kurze Komponente durch das Bleichen der Fluorophore während der Messung. Die analytische Funktion der beiden Modelle hat folgende Form:

$$G(\tau) = 1 + G_\infty + \frac{1}{N}\left(1 + \frac{Te^{-\tau/\tau_F}}{1-T}\right)\left(\frac{1}{\left(1+\frac{\tau}{\tau_D}\right)\left(1+\frac{\tau}{\tau_D S^2}\right)^{1/2}}\right) \quad \text{Modell 1}$$

$$G(\tau) = 1 + G_\infty + \frac{1}{N}\left(1 + \frac{Te^{-\tau/\tau_F}}{1-T}\right)\left(\frac{1}{\left(1+\frac{\tau}{\tau_{D1}}\right)} + \frac{1-f}{\left(1+\frac{\tau}{\tau_{D2}}\right)}\right) \quad \text{Modell 2}$$

G_∞ = Offset; N und T = Anzahl der Partikel und der Triplettfraktion; τ_D, τ_{D1}, τ_{D2} = Diffusionszeiten der unterschiedlichen Molekülspezies; τ_F = Triplettzeit; f und 1-f = Fraktionen der Spezies 1 und 2; τ = Korrelationszeit; S = ω_z/ω_{xy}, Strukturparameter mit ω_z und ω_{xy}, welche die Halbachsen des ellipsoiden Fokus beschreiben.

3.2.5. *Total-Internal-Reflection-Fluorescence-Microscopy*

Um Di- von Oligomerisierungen unterscheiden zu können, wurden am YFP fusionierten CRF_1R Messungen auf Einzelmolekülebene durchgeführt. Die *Total-Internal-Reflection-Fluorescence-Microscopy* (TIRFM) hat zur Grundlage, dass nach Bestrahlung im kritischen Winkel θ der Laserstrahl total reflektiert wird, während ein kleiner Teil (eine evaneszente Welle) des Lichtes jedoch Fluoreszenzmoleküle bis zu einer Eindringtiefe von 100 – 200 nm anregen kann (siehe Abb. 9). Ein einzelnes fluoreszierendes Molekül kann mit dieser Methode zunächst nicht aufgelöst werden, da die Auflösungsgrenze durch die Wellenlänge und das Objektiv bestimmt ist und in xy-Richtung ca. 200 nm beträgt. Ist die Fluoreszenzintensität eines einzelnen YFP jedoch bekannt, können bei sehr schwachen Fluorophorkonzentrationen diskrete Bleichschritte während der Intensitätsmessung an der PM von lebenden Zellen beobachtet werden. Dieses diskrete Bleichen liefert Rückschlüsse auf die Menge an Fluorophoren, welche einem einzelnen fluoreszierenden Punkt (einer Punktspreizfunktion [PSF]) zugrunde liegen. So können, nach statistischer Auswertung, Mono-, Di-, und andere Oligomere voneinander unterschieden werden.

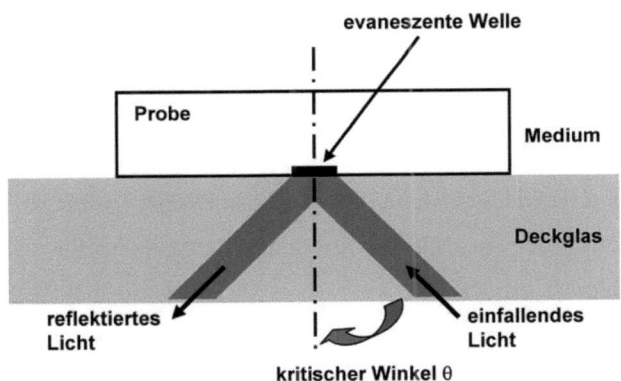

Abb. 9: Schema zum Funktionsprinzip der TIRFM. Der Laserstrahl trifft im kritischen Winkel θ auf den optischen Übergang vom Deckglas zum Medium. An dieser Grenzfläche kommt es zur Totalreflektion des Lichtes, wobei eine evaneszente Welle bis zu einer Tiefe von 100 – 200 nm in die biologische Probe eindringen kann und in diesem Bereich fluoreszierende Moleküle angeregt werden.

Für die TIRFM wurde eine EMCCD Kamera (ANDOR^{TM}Technology, Belfast, Northern Ireland) und ein α-Plan-Fluar 100x /1,45 Öl Objektiv (Carl Zeiss MicroImaging GmbH, Jena, D) genutzt. Die Messungen wurden am selbst konstruierten Aufbau der AG Schaefer (Rudolph-Boehm Institut, Leipzig, D) durchgeführt. Der Aufbau des Mikroskops wurde in [111] beschrieben.

Die verwendeten Komponenten zeigt die folgende Tabelle:

Fluorophor	YFP
Laser	Argon
Anregung	488 nm
Hauptfarbteiler	HFT 514
Emissionsfilter	LP 514

Sowohl aufgereinigtes (siehe 3.2.2.1.) und immobilisiertes YFP als auch der CRF_1R-YFP in lebenden HEK293 Zellen wurden mit einer Intensität von ca. 7 kW/cm^2 für 20 x 50 ms belichtet. Ein Messzyklus betrug 1,85 s. Die Auswertung der Daten erfolgte mit der Software GMimPro, deren Grundlagen und Auswertealgorithmus in [112] näher erläutert sind.

Die Immobilisierung des YFP erfolgte mit dem A6455 anti GFP *rabbit polyclonal serum* (Invitrogen GmbH, Karlsruhe, D). Dieser Antikörper wurde in PBS verdünnt (1:50000) und 500 µl davon für 5 min auf einem Deckglas inkubiert. Das Deckglas wurde im Anschluss 2-mal mit PBS gewaschen. Danach wurden 500 µl YFP (in PBS, 3 nM) auf dem Deckglas für 5 min inkubiert und erneut 2-mal mit PBS gewaschen. Zum Schluss wurde das Deckglas mit 250 µl PBS benetzt. Auch Deckgläser die nur den Antikörper enthielten wurden zur Kontrolle vermessen. Das immobilisierte und aufgereinigte YFP wurde genutzt, um die Fluoreszenzintensität eines einzelnen YFP zu bestimmen.

HEK293 Zellen wurden transient transfiziert (Leervektor pcDNA3 oder CRF_1R-YFP) und 24 h nach Transfektion vermessen. Die detektierte Autofluoreszenz der Zellen, die nur den Leervektor enthielten, wurde vom Fluoreszenzsignal des CRF_1R-YFP abgezogen. Mit Hilfe der GMimPro Software war es möglich die Intensität der, in der PM lebender Zellen detektierten, Spots über *Single-Particle-Tracking* zu verfolgen und deren Intensität zu bestimmen. Die verwendeten Deckgläser wurden vor jedem Versuch sterilisiert und mit Ethanol gereinigt.

4. Ergebnisse

4.1. Analyse der zellulären Lokalisation der fluoreszenzmarkierten GPCR

Für die folgenden Untersuchungen an GPCR wurden diese C-terminal mit den Fluoreszenzproteinen CFP, YFP, GFP oder mCherry markiert. Es ist beschrieben, dass diese Fluoreszenzproteine die Lokalisation fusionierter GPCR nicht beeinflussen [113]. Auch für die hier untersuchten Rezeptoren wird nicht erwartet, dass die Fusion mit einem Fluoreszenzprotein den Transport oder die Signaltransduktion beeinträchtigt (CRF_1R [60], $CRF_{2(a)}R$ [60], ET_BR [108], V_2R [107]).

Um zu zeigen, dass der Transport für die verwendeten GPCR zur PM gewährleistet ist, wurde eine Lokalisationsstudie mittels LSM mit den fluorophormarkierten Rezeptoren durchgeführt. Die GFP-fusionierten wildtypischen Rezeptoren sind in Abb. 10 beispielhaft dargestellt (Abb. 10, zweite Spalte). Die Zellen wurden mit dem PM-Marker Trypanblau (Abb. 10, dritte Spalte) und dem Zellkernmarker H33258 (Hoechst, Abb. 10, erste Spalte) gefärbt, um die Lokalisation der Rezeptoren differenziert darstellen zu können.

Beim Austausch von GFP mit anderen Fluoreszenz-Fusionsproteinen wurde keine Änderung der Rezeptorlokalisation beobachtet. Es konnten für alle fluorophorfusionierten Rezeptoren sowohl eine deutliche Kolokalisation mit Trypanblau als auch intrazelluläre, vesikuläre Signale detektiert werden.

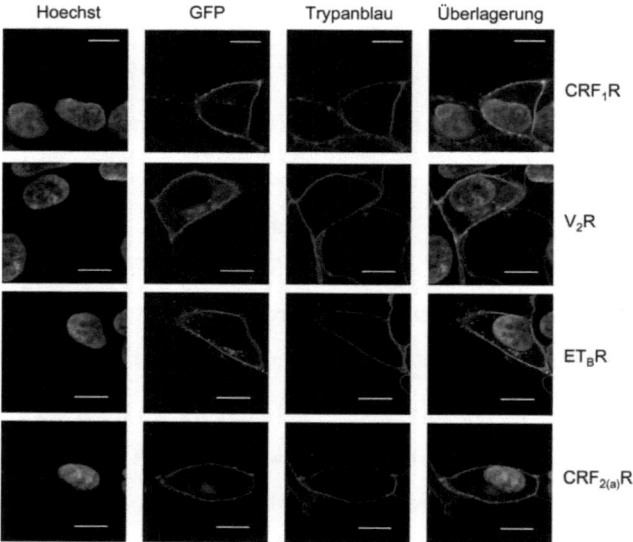

Abb. 10: LSM-Analyse der subzellulären Lokalisation der fluoreszenzmarkierten GPCR in lebenden, transient transfizierten HEK293 Zellen. Die Fluoreszenzsignale der GFP-fusionierten Rezeptoren (zweite Spalte) überlagern sich mit den Trypanblau-Signalen der PM (dritte Spalte). Die Kernfärbung mit H33258 (Hoechst, erste Spalte) dient der differenzierteren Betrachtung der Expression in der Nähe des Zellkerns. Die Darstellung ist repräsentativ für drei durchgeführte Messungen (Größenmaßstab: 10 µm).

4.2. Untersuchungen zur Homo-Oligomerisierung der fluoreszenzmarkierten GPCR

GPCR gehören zu den am häufigsten genutzten Zielstrukturen für Pharmaka und Medikamente [4]. Inzwischen sind zahlreiche homo- und heterooligomere GPCR in lebenden Zellen und endogen in Geweben nachgewiesen worden (siehe 1.1.3.). Über die Funktion dieser Oligomere ist allerdings meist wenig bekannt. Dazu gehört auch der mögliche Einfluss eines M/D auf die Funktion von GPCR. Es wurden FRET-, FLIM-FRET- und FCCS-Versuche durchgeführt, um die Homo-Oligomerisierung von GPCR in lebenden HEK293 Zellen zu untersuchen und Schlussfolgerungen für das

M/D in der PM zu ziehen. Zu diesem Zweck wurden die Zellen 24 h nach Aussaat transient transfiziert und nach weiteren 24 h in 37 °C warmen DPBS mikroskopiert. Die HEK293 Zellen dienten als Modellsystem, denn die hier verwendeten GPCR (CRF_1R, $CRF_{2(a)}R$, V_2R und ET_BR) werden in diesen Zellen nicht endogen exprimiert [114]. Im ersten Teil dieser Arbeit sollten die ausgewählten Methoden etabliert und optimiert werden, um reproduzierbare und untereinander vergleichbare Ergebnisse zur Homo-Oligomerisierung der untersuchten GPCR zu ermitteln.

4.2.1. Einzelzell-Messungen mittels FRET-Spektren

In dieser Arbeit wurde ein FRET-Assay aufgebaut, mit dem das Akzeptorbleichen (*Photobleaching*-FRET, siehe 1.2.3.1.) umgangen werden kann. Durch das Bleichen mit hoher Laserintensität wird zum einen der Donor (CFP) ungewollt mitgebleicht (bis zu 7%), andererseits lösen sich die Zellen zum Teil vom Deckglas. Die Intensität von CFP sollte bei dieser Methode jedoch nur durch die An- bzw. Abwesenheit des Akzeptors modifiziert werden. Gerade schwache Energie-Transfer-Effizienzen können nur bestimmt werden, wenn die Detektion geringer Intensitätszunahmen des Donors nach dem Akzeptorbleichen möglich ist. Zur Lösung dieses Problems wurde mit Hilfe von Formel (8) die Zunahme der Donorintensität aus dem Fluoreszenzspektrum berechnet (siehe 3.2.4.2.). Diese Berechnung macht das Akzeptorbleichen und die erneute Spektrendetektion überflüssig. Ein wichtiger Punkt bei diesem FRET-Assay ist die Berücksichtigung der Fluoreszenzquantenausbeuten von Donor (CFP) und Akzeptor (YFP).

4.2.1.1. Vorversuche zur Messung der FRET-Spektren
Definition der Geräteparameter zur Messung der FRET-Spektren

Die Fluoreszenzanregungsspektren von CFP und YFP wurden mit Hilfe eines durchstimmbaren IR-Lasers (Zweiphotonentechnik) aufgenommen. Für YFP ergab sich ein Minimum bei 820 nm, während das Anregungsspektrum von CFP ein

Maximum bei 805 nm aufwies. Der Quotient (CFP/YFP) ergibt ein Spektrum mit einem Maximum bei 810 nm. Dies war die Wellenlänge der maximalen CFP-Anregung bei minimaler Anregung von YFP und somit die optimale Anregungswellenlänge für die folgenden Versuche. Des Weiteren wurden zu Beginn für jeden Rezeptor Messungen bei λ_{ex} = 810 nm mit dem YFP-fusionierten Konstrukt durchgeführt und ein Intensitätsbereich festgelegt, bei dem die Direktanregung von YFP minimal war. Die ermittelten Geräteparameter wurden während der folgenden Messungen nicht mehr verändert.

Vergleich von konventionellem *Photobleaching*-FRET und Spektrenberechnung

Um die Funktionalität der neuen FRET-Methode zu überprüfen, wurden am Konstrukt CFP.YFP sowohl *Photobleaching*-FRET-Messungen als auch die Spektrenberechnung durchgeführt und die Ergebnisse miteinander verglichen. Die Fluoreszenzspektren vor dem Akzeptorbleichen (gestrichelt), nach dem Akzeptorbleichen (grau) und das nach Formel (8) berechnete Spektrum ohne tatsächliches Bleichen des Akzeptors (schwarz) sind in Abb. 11A dargestellt. Aus den Spektrenbereichen mit maximaler CFP-Intensität (436 – 489 nm, dieser Bereich ist unbeeinflusst von der YFP-Fluoreszenz) wurden mittels Formel (7) die Energie-Transfer-Effizienzen berechnet und verglichen (siehe Abb. 11B). Die beiden Werte von E_T (%) unter Verwendung des gebleichten (grau) und des berechneten (schwarz) Spektrums für die Bestimmung der Intensitätszunahme von CFP waren nicht signifikant voneinander verschieden (p = 0,57).

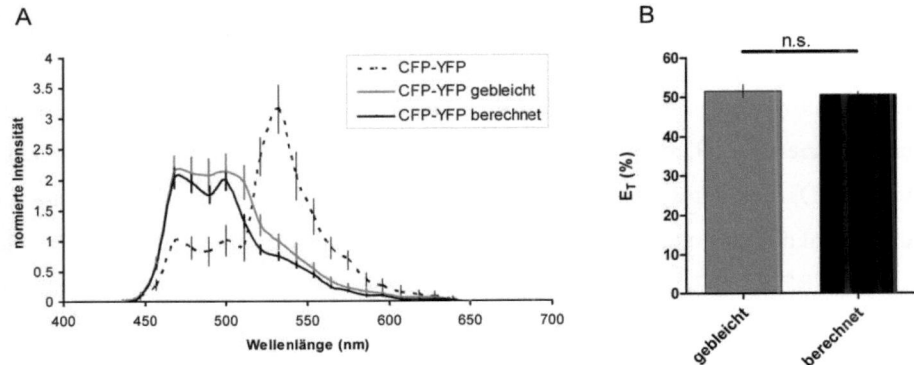

Abb. 11: Vergleich der *Photobleaching*-FRET-Experimente und der Spektrenberechnung. A Gezeigt ist das Fluoreszenzspektrum (λ_{ex} = 810 nm) von CFP.YFP, normiert auf das Maximum der CFP-Fluoreszenz bei 468 nm (gestrichelte Kurve). Spektren mit gebleichter YFP-Fluoreszenz wurden gemessen (graue Kurve) oder nach Formel (8) berechnet (schwarze Kurve). Das ermittelte gebleichte Spektrum wurde auf das ungebleichte normiert. Gezeigt sind die Mittelwerte ± SD der Spektren aus drei unabhängigen Messungen von mindestens 35 Zellen. **B** Vergleich der Energie-Transfer-Effizienzen (E_T [%]) aus den in A gezeigten Fluoreszenzspektren im Bereich von 436 – 489 nm unter Verwendung von Formel (7). Zur Berechnung von E_T (%) wurde das gemessene Fluoreszenzspektrum nach Bleichen von YFP (grau) bzw. das berechnete Spektrum (schwarz) für die Zunahme der CFP-Intensität genutzt. Gezeigt sind die Mittelwerte ± SEM (N > 35). Die beiden Werte sind nicht signifikant verschieden (t-Test, p = 0,57).

4.2.1.2. Nachweis von GPCR Homo-Oligomeren anhand von FRET-Spektren

Nachdem der FRET-Assay ohne Bleichen des Akzeptors aufgebaut und überprüft wurde, sollte er zur Bestimmung von Protein-Protein Interaktionen an GPCR dienen. Zu diesem Zweck wurden Fluoreszenzspektren der fluoreszenzmarkierten GPCR in An- bzw. Abwesenheit des Akzeptorkonstruktes aufgenommen. Für alle GPCR wurden mindestens 30 Zellen in drei unabhängigen Versuchen analysiert (sowohl für die mit CFP-fusionierten Rezeptoren als auch für die Kotransfektion der mit CFP-

und YFP-fusionierten Konstrukte). Ein Vergleich der Spektren ist in Abb. 12 dargestellt.

Unter Anwendung von Formel (8) konnte aus den Fluoreszenzspektren der kotransfizierten Zellen im Anschluss die Zunahme der CFP-Intensität berechnet werden. Danach wurde mit Hilfe von Formel (7) die Energie-Transfer-Effizienz für die Interaktion der untersuchten GPCR bestimmt (Balkendiagram, Abb 12). Für die GPCR CRF_1R, V_2R und ET_BR ließ sich eine signifikante Intensitätszunahme von CFP ermitteln. Als Negativkontrolle diente die Kotransfektion von CRF_1R-CFP mit dem YFP-fusionierten A-Kinase-Anker-Protein AKAP18α. Für diese Negativkontrolle und für den $CRF_{2(a)}R$ blieb das Fluoresezenzspektrum in An- und Abwesenheit des Akzeptors unverändert.

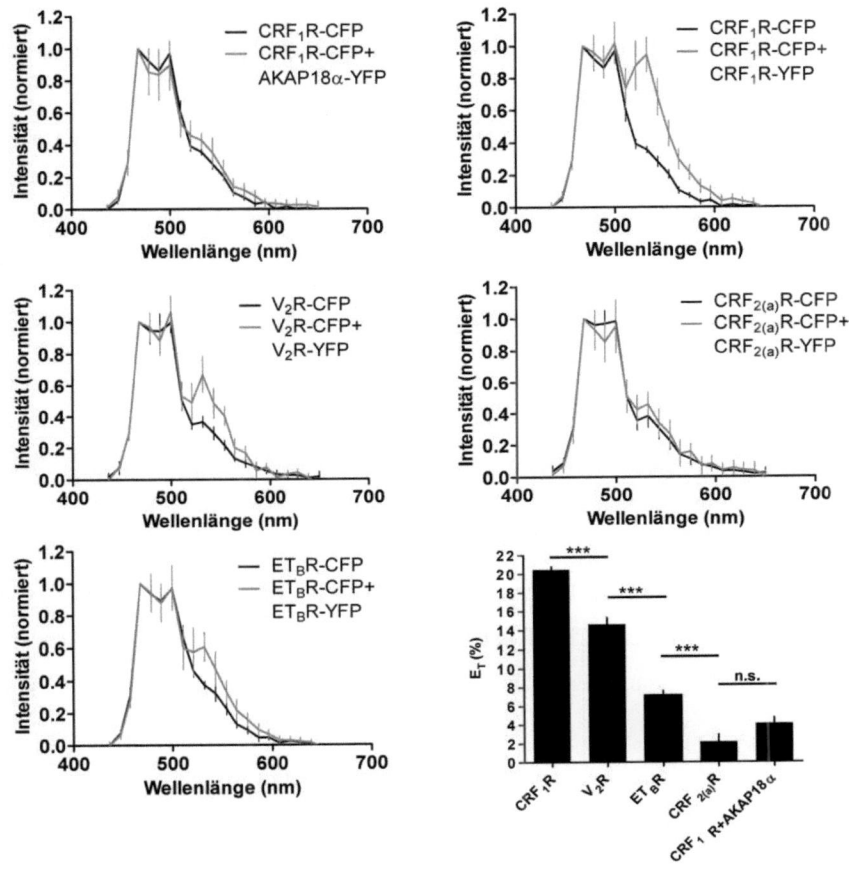

Abb. 12: Nachweis von GPCR-Oligomeren anhand von FRET-Spektren: Fluoreszenzspektren mit λ_{ex} = 810 nm (Zweiphotonentechnik). Gezeigt sind jeweils die Spektren des CFP-fusionierten GPCR (schwarze Kurve) im Vergleich zur Kotransfektion von CFP- und YFP-fusionierten GPCR (graue Kurve). Im Fall eines FRET, wird das YFP-Signal in Form eines zusätzlichen Maximums bei 532 nm sichtbar. Als Negativkontrolle dient die Kotransfektion von AKAP18α-YFP mit CRF$_1$R-CFP. Gezeigt sind die Mittelwerte ± SD aller Einzelspektren aus drei unabhängigen Messungen, N > 30. Das Balkendiagramm zeigt die ermittelten Werte für E$_T$ (%) ± SEM bei N > 30. Signifikante Unterschiede wurden über den t-Test (***, p < 0,0001) bestimmt.

4.2.1.3. Spezifität der Interaktion von CRF_1R-Molekülen

Da der CRF_1R unter den verwendeten GPCR die höchste Expression in der PM lebender HEK293 Zellen aufwies, sollte die Spezifität der Interaktion der CRF_1R-Moleküle näher untersucht werden, um den Einfluss der Expression auf die Energie-Transfer-Effizienz zu bestimmen. Zu diesem Zweck wurden Dreifachtransfektionen an HEK293 Zellen durchgeführt. Zusätzlich zur Kotransfektion mit CRF_1R-CFP und CRF_1R-YFP erfolgte die Transfektion von V_2R-flag- bzw. CRF_1R-his-Konstrukten. Diese Konstrukte stellen zusätzliche, potentielle, nicht fluoreszierende Interaktionspartner dar, welche im Falle einer Interaktion mit den fluoreszenzmarkierten CRF_1R das FRET-Signal verringern sollten.

Erneut wurden die detektierten Fluoreszenzspektren genutzt, um mittels Formel (8) die Intensitätszunahme von CFP und anschließend über Formel (7) die entsprechende Energie-Transfer-Effizienz zu bestimmen. Abb. 13A zeigt, dass das Konstrukt V_2R-flag keinen Einfluss auf die Interaktion zwischen CRF_1R-CFP und CRF_1R-YFP hat. Der zusätzlich transfizierte CRF_1R-his hingegen verringerte das FRET-Signal und die berechnete Effizienz sank signifikant von $E_T = 20 \pm 4\%$ auf $E_T = 11 \pm 4\%$ (siehe Abb. 13B).

Die Daten bestätigen eine spezifische Interaktion der CRF_1R-Moleküle. Die zusätzliche Überexpression eines willkürlichen GPCR (z.B. V_2R) hatte keinen Einfluss auf das Interaktionssignal. Weil die Expression von V_2R-flag und CRF_1R-his mangels Fluoreszenzfusion während der Messungen nicht überprüft werden konnte, wurden diese Untersuchungen auf statistischer Ebene durchgeführt. Mindestens 100 Zellen wurden in 3 verschiedenen Versuchen gemessen.

Ergebnisse

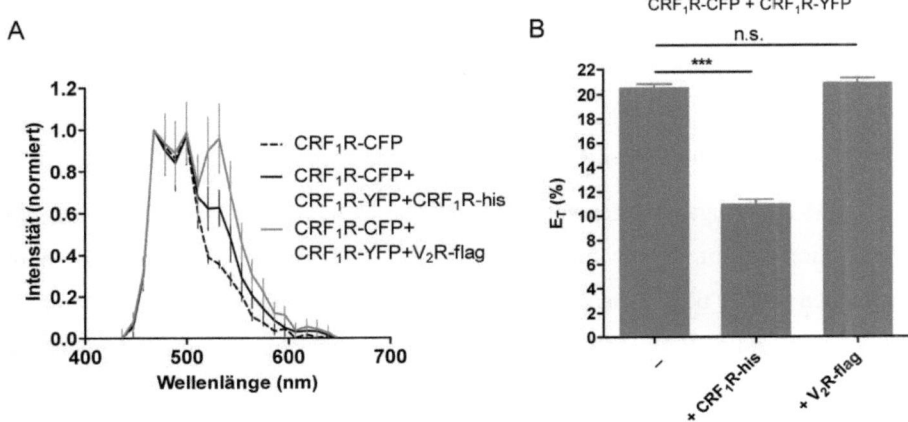

Abb. 13: Der CRF$_1$R bildet spezifische Homo-Oligomere. A Gezeigt sind die Fluoreszenzspektren der Dreifachtransfektionen CRF$_1$R-CFP + CRF$_1$R-YFP mit CRF$_1$R.his (schwarze Kurve) bzw. V$_2$R.flag (graue Kurve) im Vergleich zu CRF$_1$R-CFP (gestrichelte Kurve) in lebenden HEK293 Zellen. Gemessen wurden mindestens 100 Zellen in drei unabhängigen Versuchen (Spektren zeigen Mittelwerte ± SD). **B** Energie-Tranfer-Effizienzen (E$_T$ [%]), die aus den Spektren in **A** berechnet wurden. Dargestellt sind Mittewerte ± SEM für N > 100. Die Signifikanz wurde über den t-Test (***, $p < 0{,}0001$) bestimmt.

4.2.2. Einzelzell-Messungen mittels FLIM-FRET

FRET-Messungen durch Berechnung der Intensitätszunahme von CFP (anstelle des Akzeptorbleichens) wurden bislang noch nicht beschrieben. Deshalb sollten diese Ergebnisse im Folgenden durch eine konventionelle FRET-Methode bestätigt werden. Zu diesem Zweck wurden FLIM-Messungen durchgeführt. Im Laufe des letzten Jahrzehnts entwickelte sich diese Technik zu einer häufig genutzten Methode für die Detektion von FRET [97, 115, 116]. Auch bei FLIM-FRET-Experimenten ist das Bleichen des Akzeptors unnötig, da nicht die Intensitäten der Fluorophore, sondern deren Fluoreszenzlebenszeit gemessen wird. Diese ist abhängig von der Umgebung des fluoreszierenden Moleküls und ist definiert als die Zeit, die es im angeregten Zustand verbleibt. Sie wird verkürzt, wenn zusätzliche strahlungslose Prozesse (z.B.

Resonanz-Energie-Transfer) stattfinden und kann dadurch für die Detektion von Protein-Protein Interaktionen genutzt werden.

4.2.2.1. Vorversuche zu den FLIM-FRET-Messungen

Die FLIM-Messungen wurden entsprechend dem in *Sun et al.* [97] angegebenen Protokoll durchgeführt. Bevor mit den FLIM-FRET-Messungen an den Fluorophor-markierten GPCR begonnen werden konnte, war die Bestimmung von Systemparametern notwendig. Einige der durchgeführten Vorversuche sind im Folgenden beschrieben.

Messung der IRF des FLIM-Systems

Jedes FLIM-System hat eine gerätespezifische IRF, welche bei der Messung sehr kurzer Fluoreszenzlebenszeiten im Pikosekundenbereich zur Verfälschung des Ergebnisses führen kann. Es handelt sich dabei um die Pulsform, die vom System für eine unendlich kleine Lebenszeit wiedergegeben wird. Die IRF eines FLIM-Systems kann genau bestimmt und später aus dem eigentlichen Datenverlauf herausgerechnet werden. Es ist möglich die IRF über *Second-Harmonic-Generation* (SHG = Frequenzverdopplung) zu ermitteln. SHG ist ein nichtlinearer und ultraschneller Prozess. Wenn ein Material mit hohem Ordnungsgrad, hoher thermischer Stabilität und geringer Lichtabsorption mit monochromatischem Licht bestrahlt wird, entsteht dabei Strahlung der doppelten Frequenz, d.h. der halben Wellenlänge. Zu solchen Materialien gehört z.B. Harnstoff. Für den Versuch wurde daher eine 1 M Harnstoff-Lösung auf einen Objektträger getropft und getrocknet. Die entstandenen Kristalle wurden unter den gleichen Bedingungen und Einstellungen vermessen wie alle darauffolgenden Proben. Die gemessene IRF des in dieser Arbeit genutzten FLIM-Systems hat eine FWHM (*Full Width at Half Maximum*) von 54 ± 5 ps (siehe Abb. 14A) und liegt damit im Bereich von Literaturwerten [117].

Analyse der Temperaturabhängigkeit des FLIM-Detektors

Der Detektor des verwendeten FLIM-Systems (*photomultiplier-tube R3809U*, Hamamatsu, D) hat eine Dunkelzählrate, die exponentiell mit der Temperatur ansteigt. Die verwendete Software (SPCImage, Becker & Hickl, Berlin, D) ist in der Lage diese Schwankungen der Dunkelzählraten aus den Daten herauszurechnen. Durch das vergleichsweise schwache Fluoreszenzsignal in den Zellen und einen ungünstigen Anbau des FLIM-Aufsatzes in der Nähe zusätzlicher Wärmequellen kam es dennoch zu einer Verringerung der Fluoreszenzlebenszeit an identischen Proben bei steigender Temperatur am Detektor.

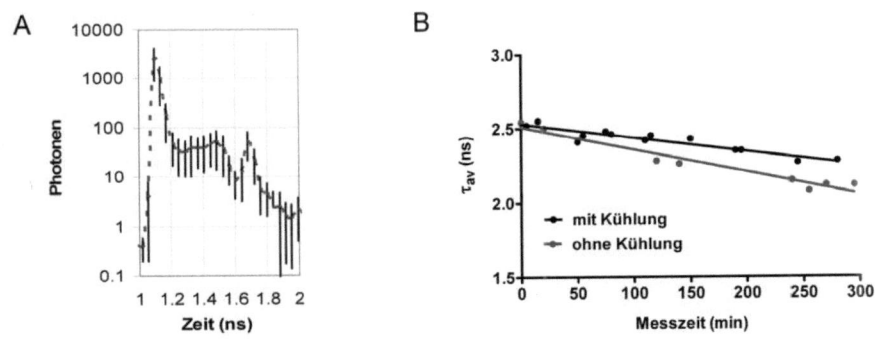

Abb. 14: Messung der IRF und Temperaturabhängigkeit des Detektors. A Dargestellt ist die IRF des FLIM Systems, bestimmt durch Messungen der SHG von 1 M Harnstoff. **B** Die Temperaturabhängigkeit des Detektors verringert mit der Zeit die τ_{av} (schwarz) identischer Proben. Die Optimierung der Messung erfolgte über eine thermoelektrische Kühlung (grau).

Zur Lösung dieses Problems wurde eine thermoelektrische Kühlung am Detektor installiert und die Raumtemperatur reduziert. So konnte bei konstanten 19 °C gemessen werden. Dies führte zu einer Stabilisierung der Messergebnisse. Für eine weitere Optimierung wäre eine Kühlung im Inneren des Detektors nötig gewesen. Bei FLIM-Messungen über 2 h kommt es zu einer Verringerung der Fluoreszenzlebenszeit von

CFP von ca. 0,1 ns (siehe Abb. 14B). Die folgenden Versuche wurden deshalb in einem Zeitfenster von maximal 2 h durchgeführt.

Festlegung der Geräteparameter für die Detektion der Fluoreszenzlebenszeiten

Um die Geräteparameter für die FLIM-Messungen festzulegen, wurden mit CFP bzw. CRF_1R-CFP transfizierte HEK293 Zellen bei unterschiedlichen Intensitäten vermessen. Ein großer Vorteil bei der Detektion von Fluoreszenzlebenszeiten liegt in der Unabhängigkeit von der Konzentration der Fluorophore [97]. Allerdings hängt die Fluoreszenzlebenszeit stark von der Mikroumgebung der Fluorophore ab. Ist die Konzentration der Fluorophore so hoch, dass sie sich auf die Mikroumgebung auswirkt (z.B. durch Quencheffekte), wird die Fluoreszenzlebenszeit dennoch beeinflusst.

In dieser Arbeit wurde ein Intensitätsbereich von 1000 – 3000 a.U./Pixel für die Messungen genutzt, da in diesem Bereich die Fluoreszenzlebenszeit konstant ist (siehe Abb. 15A). Allerdings wurde deutlich, dass die Fluoreszenzlebenszeit des membranständigen CRF_1R-CFP gegenüber dem zytosolischen CFP verkürzt war. Um auszuschließen, dass diese Lebenszeitverkürzung durch Bleicheffekte bedingt ist, wurde der CRF_1R-CFP erneut mit geringeren Laserintensitäten gemessen und mit zytosolischem CFP verglichen (siehe Abb. 15B). Auch bei einer Verringerung der Laserintensität stieg die Fluoreszenzlebenszeit nicht signifikant an. Daraus ließ sich ableiten, dass die verkürzte Lebenszeit von CRF_1R-CFP nicht auf Bleicheffekte während der Messung, sondern wahrscheinlich auf die veränderte Mikroumgebung von CFP an der PM im Vergleich zum Zytosol zurückzuführen war.

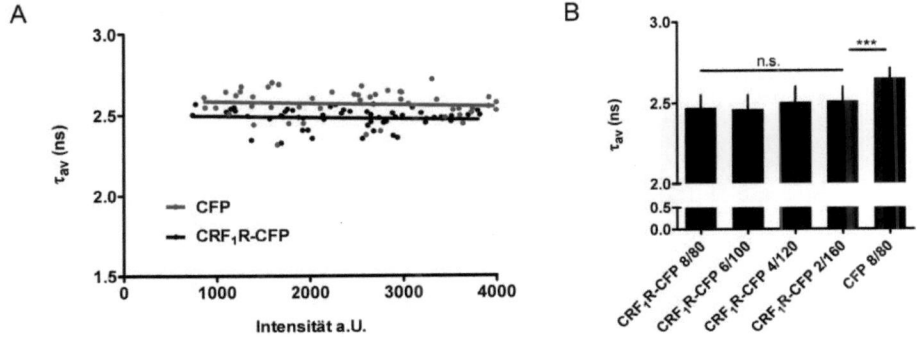

Abb. 15: Vorversuche der FLIM-Messungen zur Festlegung der Geräteparameter. A Abhängigkeit der τ_{av} von der CFP-Intensität (Konzentration). In einem Bereich von 1000 bis 3000 a.u./Pixel ist die τ_{av} im Zytosol und an der PM konstant. B Fluoreszenzlebenszeiten (τ_{av}) von CFP und CRF$_1$R-CFP bei unterschiedlichen Werten von [Laserintensität (%) / Messzeit (s)]. Die Verringerung der Laserintensität hat keinen signifikanten Effekt auf die τ_{av}. Die Signifikanz wurde über den t-Test (***, p < 0,0001) bestimmt.

4.2.2.2. Nachweis von GPCR Homo-Oligomeren durch FLIM-FRET

In Abb. 16A ist beispielhaft am CRF$_1$R eine FLIM-Messung dargestellt. Ein FLIM-Bild und die dazugehörige Abklingkurve sind gezeigt. Für alle untersuchten GPCR wurde sowohl für die CFP-fusionierten Rezeptoren als auch für die Kotransfektion der CFP- und YFP-Konstrukte die τ_{av} in mindestens 25 Zellen bestimmt. Die Verteilung der Einzelwerte um den Mittelwert in An- bzw. Abwesenheit des Akzeptors ist in Abb. 16B dargestellt.

Während sich für den CRF$_1$R und den V$_2$R signifikante Unterschiede zwischen den Fluoreszenzlebenszeiten in An- und Abwesenheit des Akzeptors ermitteln ließen, waren die Unterschiede für den ET$_B$R und den CRF$_{2(a)}$R nicht signifikant. Als Negativkontrolle wurde auch hier die Kotransfektion von CRF$_1$R-CFP und AKAP18α-YFP verwendet.

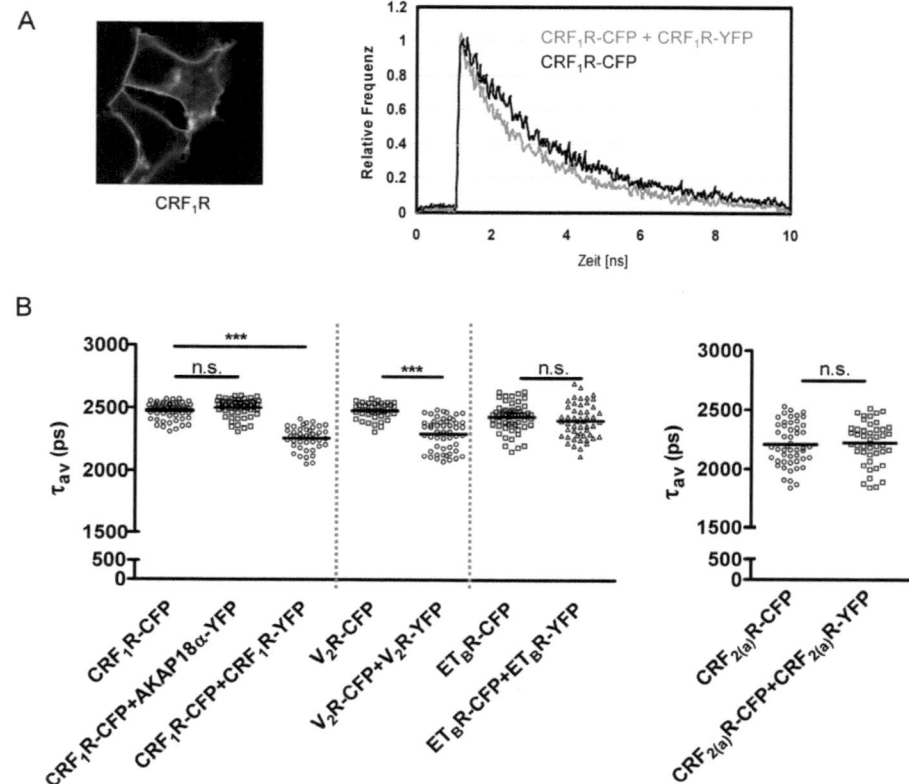

Abb. 16: Nachweis von GPCR-Oligomeren durch FLIM-FRET: A Darstellung eines FLIM-Bildes (CRF_1R-CFP) und die dazugehörige Abklingkurve am Beispiel des CFP-fusionierten CRF_1R sowie der kotransfizierten CFP- und YFP-fusionierten CRF_1R. **B** Darstellung der ermittelten τ_{av}. Gezeigt sind jeweils die Einzelwerte (N > 25) für τ_{av} aus Messungen an den mit CFP-fusionierten GPCR allein bzw. der Kotransfektion mit dem entsprechenden YFP-Konstrukten. Die Werte für den $CRF_{2(a)}R$ sind separat dargestellt, da die Detektionszeit bei diesen Messungen länger war. Die schwarzen Linien innerhalb der Punktwolken zeigen die Mittelwerte der einzelnen τ_{av}. Die Daten wurden in mindestens drei unabhängigen Experimenten ermittelt. Signifikante Unterschiede wurden über den t-Test (***, $p < 0.0001$) bestimmt.

Aufgrund der schwachen Expression des $CRF_{2(a)}R$ in den Zellen, war es nötig die festgelegten Einstellungen zu verändern und die Detektionszeit bei einer einzelnen FLIM-Messung (bei gleicher Laserleistung) auf 120 s zu verlängern, um die Photonenzahl für einen verlässlichen Fit zu erreichen. Dies führte zu einer größeren Streuung der Werte und zur Verringerung der τ_{av} für den $CRF_{2(a)}R$-CFP. Die ermittelten Energie-Transfer-Effizienzen sind in Abb. 17 im Vergleich zu den Ergebnissen aus den FRET-Spektren dargestellt.

4.2.3. Vergleich der FRET-Versuche

Der Vorteil der beiden verwendeten FRET-Versuche liegt darin, dass ein Bleichen des Akzeptors unnötig war. Dadurch wurden die lebenden Zellen nicht der hohen Laserintensität ausgesetzt, die für das Akzeptorbleichen nötig wäre. Ferner wird das ungewollte Bleichen des Donors vermindert. Die im Abschnitt 1.2. aufgeführten Formeln (1) bzw. (5) zur Berechnung der Energie-Transfer-Effizienz (E_T [%]) können wie folgt zusammengefasst werden:

$$E_T(\%) = (1 - \frac{I_{DA}}{I_D}) \times 100 = (1 - \frac{\tau_{DA}}{\tau_D}) \times 100 \quad (9)$$

Die ermittelten E_T (%) aus den FRET-Spektren und FLIM-FRET-Versuchen sollten also für die einzelnen GPCR bei beiden Methoden identisch sein. In Abb. 17 ist jedoch zu erkennen, dass bei den FLIM-FRET-Versuchen tendenziell geringere Energie-Transfer-Effizienzen ermittelt wurden als bei den FRET-Spektren. Vermutlich beruht dieser Unterschied auf der Verkürzung der Fluoreszenzlebenszeit von CFP bereits ohne Anwesenheit des Akzeptors. Diese Verkürzung der τ_{av} des CFP wird möglicherweise durch Quenchprozesse an der PM hervorgerufen. Die Tendenzen von E_T (%) der GPCR zueinander änderten sich jedoch kaum.

Für den CRF_1R ist bereits durch FRET-Versuche eine Homo-Oligomerisierung nachgewiesen worden. Die Werte von E_T (%) aus den FRET-Spektren stimmen mit den Literaturwerten überein und unterstreicht damit die Funktionalität des etablierten FRET-Assays [52, 56]. Die aus der τ_{av} bestimmten Effizienzen sind zwar kürzer, aber dennoch signifikant unterschiedlich zur Negativkontrolle. Durch die zusätzlichen Messungen von FRET-Spektren bei Dreifachtransfektionen konnte außerdem die Spezifität der CRF_1R-Interaktion belegt werden.

Weiterhin ist für den V_2R eine Homo-Oligomerisierung bekannt, allerdings waren in diesem Fall biochemische und BRET- (Biolumineszenz-Resonanz-Energie-Transfer) Versuche durchgeführt worden [67]. Sowohl die FLIM-FRET-Versuche, als auch die Berechnungen aus den FRET-Spektren zeigen eine Energie-Transfer-Effizienz, die sich in beiden Fällen signifikant von der Negativkontrolle und auch vom CRF_1R (siehe Abb. 17) unterscheidet.

Auch im Fall des ET_BR ist eine Homo-Oligomerisierung belegt worden [85, 86]. Da ein anderes Intensitätsverhältnis von CFP zu YFP eingesetzt wurde, unterscheiden sich die bekannten Energie-Transfer-Effizienzen jedoch von den hier ermittelten Werten [85, 86]. Während aus den FRET-Spektren noch eine signifikante Energie-Transfer-Effizienz bestimmt werden konnte, waren bei den FLIM-FRET-Messungen Unterschiede im Vergleich zur Negativkontrolle nicht signifikant.

Die Homo-Oligimerisierung des $CRF_{2(a)}R$ ist bislang noch nicht untersucht worden. Dieser Rezeptor zeigt weder in den FLIM-FRET-Versuchen noch in den Berechnungen aus den FRET-Spektren einen signifikanten Unterschied zur Negativkontrolle. Da sich kein Interaktionssignal detektieren ließ, kann für den $CRF_{2(a)}R$ in Betracht gezogen werden, dass es sich um einen monomeren GPCR handelt. Der $CRF_{2(a)}R$ wäre damit der erste GPCR für den gezeigt werden konnte, dass er in der PM lebender Zellen als Monomer vorliegt.

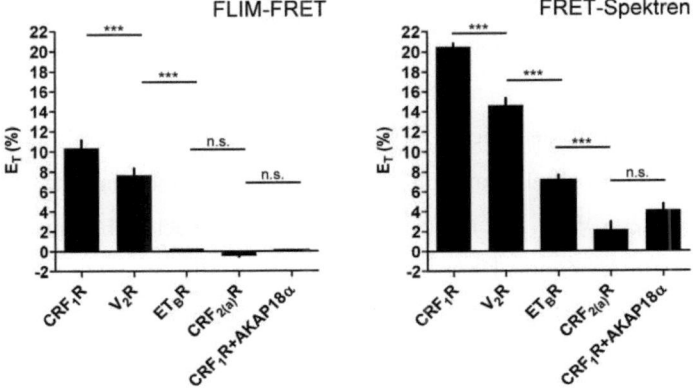

Abb. 17: Ergebnisvergleich der FRET-Versuche. Links: Berechnete Energie-Transfer-Effizienzen aus den FLIM-FRET-Messungen. **Rechts:** Berechnete Energie-Transfer-Effizienzen aus den FRET-Spektren. Für den Test auf signifikante Unterschiede wurde der t-Test (***, $p < 0{,}0001$) verwendet.

4.2.4. Einzelmolekül-Messungen mittels FCCS

Die Ergebnisse aus den FRET-Spektren und den FLIM-FRET-Versuchen deuten darauf hin, dass der $CRF_{2(a)}R$ in der PM lebender HEK293 Zellen als Monomer vorliegt, während der homologe CRF_1R offensichtlich Dimere bzw. Oligomere bildet. Durch Quantifizierung der Intensitäten in der PM mittels automatischer Mikroskopie konnte bereits nachgewiesen werden, dass der $CRF_{2(a)}R$ lediglich 25 % des Expressionsniveaus vom CRF_1R aufweist [61]. Dadurch stellte sich die Frage, ob die Expressionslevel einen Einfluss auf die FRET-Ergebnisse haben könnten. Ferner kann nicht ausgeschlossen werden, dass z.B. durch zu große Abstände der Fluorophore oder eine ungünstige Anordnung der Dipolmomente eine mögliche Interaktion der $CRF_{2(a)}R$-Moleküle in den FRET-Experimenten nicht gezeigt werden konnte.

Zur Lösung dieses Problems wurde die FCCS durchgeführt, eine Methode mit der unabhängig von Abstand oder Anordnung der Fluorophore zueinander, Protein-

Protein Interaktionen analysiert werden können. Eine Voraussetzung für die FCCS ist eine sehr schwache Expression der fluoreszenzmarkierten Konstrukte in den Zellen. Auf diese Weise können Fluoreszenzsignale in lebenden Zellen auf Einzelmolekülniveau detektiert werden. Bei der FCCS wird die Diffusion fluoreszierender Moleküle im konfokalen Volumen gemessen und anschließend zeitlich korreliert. Wird die Diffusion zweier verschiedener Fluoreszenzmoleküle gemessen, kann über eine Kreuzkorrelationsanalyse die Interaktion zwischen den Proteinen bestimmt werden. Eine Interaktion ist dabei gleichbedeutend mit einer Kodiffusion der beiden Moleküle im konfokalen Volumen (Erläuterungen siehe 1.2.5. und 3.2.4.3.). Da Intensitätsfluktuationen nur für sehr schwach exprimierte, fluoreszenzmarkierte GPCR gemessen werden, kann für die ausgewählten Zellen in den FCCS-Versuchen vom gleichen Intensitätsbereich (der gleichen Expression) ausgegangen werden. Da für CFP keine auswertbaren Intensitätsflukuationen gemessen werden konnten, wurden für die FCCS GFP bzw. mCherry eingesetzt.

4.2.4.1. Vorversuche zu den FCCS-Messungen
Untersuchung des Intensitätsverhältnisses von GFP und mCherry

Aufgrund der Spektrenüberlappung von GFP und mCherry lässt sich unter den gegebenen Einstellungen während der FCCS-Messung ein sogenannter *Crosstalk* von GFP im mCherry-Kanal nicht verhindern. Dadurch wird also bei mit GFP transfizierten HEK293 Zellen ein Signal im mCherry-Kanal ermittelt, welches zwangsläufig zu 100 % mit dem eigentlichen GFP-Signal kreuzkorreliert. Dieser rein methodisch bedingte Effekt muss bei kotransfizierten Zellen berücksichtigt werden.

Die Intensitäten für GFP und mCherry wurden mit Hilfe des Konstruktes GFP.mCherry bestimmt, denn Messungen an diesem Konstrukt erlauben die Bestimmung eines Intensitätsverhältnisses von 1:1, da beide Moleküle trotz transienter Transfektion zu gleichen Teilen in der Zelle vorliegen. Für das Konstrukt GFP.mCherry wurde außerdem eine KK von 57 % gemessen, obwohl eigentlich 100% Dimere Vorliegen. Diese verringerte KK im Vergleich zu den tatsächlich vorhandenen Dimeren lässt sich auf das starke Bleichen des mCherry während der Messung zurückführen.

Die Analyse der Kreuzkorrelation von GFP und mCherry im Zytosol ergab eine Kreuzkorrelation von 8%, wenn GFP und mCherry zu gleichen Teilen in den Zellen vorhanden waren. Diese Kreuzkorrelation ist durch den *Crosstalk* von GFP methodisch bedingt. Bei einer Erhöhung des Anteils an mCherry zu GFP (z.B. 2:1) verringert sich der Wert, während er sich mit zunehmendem Anteil an GFP erhöht. Diese Kreuzkorrelation von 8 % wird im Folgenden als die minimal mögliche für nicht interagierende Moleküle (im Verhältnis 1:1) angenommen.

4.2.4.2. Nachweis von GPCR Homo-Oligomeren anhand von FCCS

Normierte Auto- und Kreuzkorrelationskurven der GFP- bzw. mCherry-fusionierten GPCR (kotransfiziert in HEK293 Zellen) sind in Abb. 18 gezeigt. Die ermittelten Kurven für die untersuchten GPCR in der PM lebender Zellen wurden im Folgenden mit einem Zweikomponenten-Modell für freie Diffusion in zwei Dimensionen angefittet. Normierte Kreuzkorrelationskurven, deren Verlauf zwischen oder auf dem der Autokorrelationskurven von GFP bzw. mCherry liegen und/oder die den Wert von 1 nicht überschreiten, zeigen eine Kreuzkorrelation der GFP und mCherry fusionierten Konstrukte an. Sind diese Kriterien nicht erfüllt, kann man nicht von einer Kreuzkorrelation ausgehen. Nur Kurven, die gegen 1 konvergieren wurden angefittet und ausgewertet.

In Abb. 19 sind die Ergebnisse aus den FCCS-Messungen zusammengefasst. Wie auch in den FRET-Versuchen zeigt der CRF_1R das höchste Interaktionssignal (KK = 18 ± 6 %) im Vergleich zu den anderen GPCR. Der V_2R (KK = 15 ± 5 %) und ET_BR (KK = 14 ± 6 %) wiesen signifikant geringere Werte im Vergleich zum CRF_1R und signifikant höhere im Vergleich zur Negativkontrolle (KK = 9 ± 5 %) auf. Interessanterweise unterscheiden sich die KK (%) für V_2R und ET_BR nicht signifikant. Das steht im Gegensatz zu den Ergebnissen der FRET-Versuche. Für den $CRF_{2(a)}R$ bestätigte sich die Annahme, dass es sich um einen monomeren GPCR handelt, da mit der FCCS keine KK (%) und damit keine Homo-Oligomere detektiert wurden.

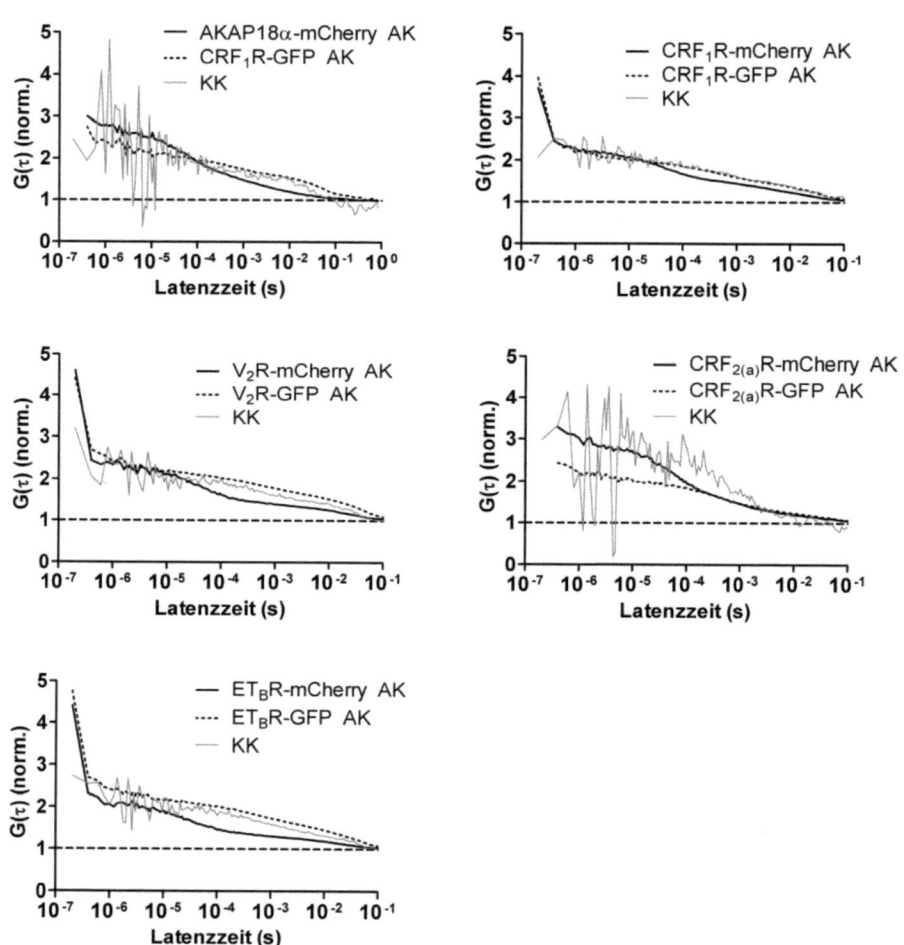

Abb. 18: Nachweis von GPCR Homo-Oligomeren anhand von FCCS: Auto- und Kreuzkorrelations-kurven der GFP bzw. mCherry markierten GPCR. Die Abbildungen sind repräsentativ für jeweils fünf unabhängige Messungen mit N > 100. Die Kurven zeigen die normierten Autokorrelations- (AK) und Kreuzkorrelations- (KK) Analysen. ($G(\tau)$, τ = Korrelationszeit)

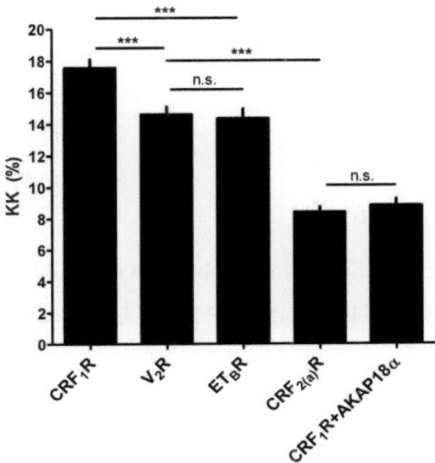

Abb. 19: Zusammenfassung der FCCS-Daten. Dargestellt sind die ermittelten Kreuzkorrelationen (KK [%]) für die untersuchten GPCR. Die Anfittung der Korrelationskurven erfolgte über ein Zweikomponenten-Modell in zwei Dimensionen. Dargestellt sind die Mittelwerte aus fünf unabhängigen Messungen ± SEM mit N > 100. Signifikante Unterschiede wurden über den t-Test (***, $p < 0.0001$) bestimmt.

4.3. Bestimmung des M/D der fluoreszenzmarkierten GPCR

Die unter 4.2. ermittelten Daten liefern vergleichbare Informationen über das Interaktionsverhalten der untersuchten GPCR. Diese Ergebnisse sollen im Folgenden genutzt werden, um ein mögliches M/D der GPCR zu bestimmen. Dazu wurde für jede Methode eine Eichkurve erstellt, aus der im Anschluss das M/D abgeleitet werden kann. Eine Voraussetzung für die anschließende Auswertung ist die Festlegung folgender Bedingungen: 1. Die untersuchten, interagierenden GPCR liegen als Homo-Dimere vor (die Existenz von Oligomeren wird für diese Auswertung ausgeschlossen); 2. Im Falle der FRET-Versuche wurde davon ausgegangen, dass die Dimere einen Abstand und eine Anordnung der Dipolmomente haben, die zum Tandem CFP.YFP vergleichbar sind. Dieses Konstrukt diente zur

Erstellung der Eichkurven, aus denen die Informationen über das M/D abgeleitet werden sollten.

4.3.1. Erstellung von Eichkurven

Eichkurve der FRET-Spektren

Die Eichkurve der FRET-Spektren (Abb. 20A) beruht auf separat ermittelten Fluoreszenzspektren von CFP und CFP.YFP. Die beiden Spektren wurden in unterschiedlichen Verhältnissen zueinander addiert, wobei der Anteil des CFP-Spektrums schrittweise erhöht wurde. Die entsprechenden Zunahmen der CFP-Intensität aus den addierten Spektren wurde jeweils mit Hilfe von Formel (8) berechnet und anschließend unter Verwendung von Formel (7) die Effizienz bestimmt. So lassen sich Effizienzen ermitteln, für die der Anteil freier (also monomerer) CFP-Moleküle pro CFP.YFP (also Dimer) bekannt ist. Diese Datenreihe lässt sich mit einer einfach exponentiellen Funktion anfitten:

$$E_T(freiesCFP) = \min + (\max - \min) * e^{(-CFP/HW)}$$

wobei min die minimale (nur CFP, E_T = 0 %) und max die maximale (CFP.YFP, E_T = 51 %) gemessene Energie-Transfer-Effizienz ist. Im Exponenten beschreibt der Ausdruck CFP den Anteil an freiem (monomerem) CFP pro CFP.YFP und der Ausdruck HW den Halbwertsanteil an freiem CFP.

Mit Hilfe dieser Funktion ließ sich nun für jede Effizienz der entsprechende Anteil an freiem CFP pro CFP.YFP bestimmen. Die Eichkurve wurde mit Hilfe der folgenden Konstrukte überprüft: CFP.CFP.YFP (ein monomeres CFP Molekül und ein CFP.YFP Dimer) und CFP.CFP.CFP.YFP (zwei monomere CFP Moleküle und ein CFP.YFP Dimer). An diesen Konstrukten wurden FRET-Messungen durchgeführt und über die ermittelten Effizienzen aus der Eichkurve der Anteil an freiem CFP pro CFP.YFP bestimmt (Abb. 20A, graue Datenpunkte). Die theoretischen Werte stimmten mit den Messwerten aus der Eichkurve überein.

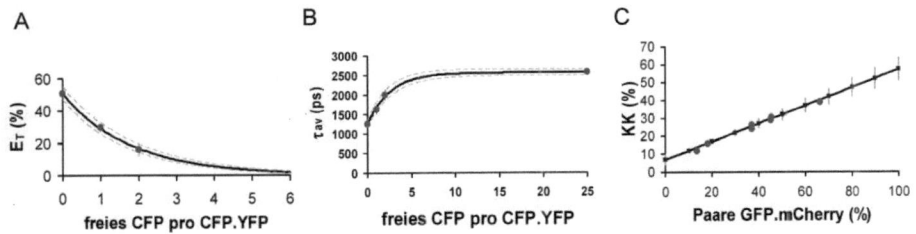

Abb. 20: Eichkurven zur Bestimmung des M/D. A Die Kurve beruht auf der Addition des CFP-Fluoreszenzspektrums mit dem des Konstruktes CFP.YFP. Die aus den addierten Spektren ermittelten E_T (%) wurden aufgetragen und mit einer einfachen exponentiellen Funktion angefittet (schwarze Kurve, graue Linien = Konfidenzintervall). Kontrollkonstrukte mit bekanntem Anteil von CFP und CFP.YFP bestätigen die Eichkurve (graue Punkte). **B** τ_{av} von Konstrukten mit bekanntem Anteil von CFP und CFP.YFP wurden bestimmt (graue Punkte) und mit einer einfach exponentiellen Funktion angefittet (schwarze Kurve, graue Linien = Konfidenzintervall). **C** Der lineare Zusammenhang zwischen der gemessenen KK (%) und dem Anteil an GFP.mCherry Paaren (schwarze Linie) bestätigt sich über die Messung von KK (%) der Kotransfektion von GFP.mCherry (Dimer) mit KikGr (Monomer) in verschiedenen Anteilen von grün und rot (graue Punkte). Die Messungen an Kontrollkonstrukten wurden an transient transfizierten HEK293 Zellen in drei separaten Versuchen durchgeführt.

Eichkurve der FLIM-FRET-Versuche

Die Eichkurve der FLIM-Messungen (Abb. 20B) ließ sich aus den entsprechenden, mittleren amplitudengewichteten Fluoreszenzlebenszeiten der folgenden Konstrukte bestimmen: CFP, CFP.CFP.CFP.YFP, CFP.CFP.YFP und CFP.YFP. Diese vier Messwerte lassen sich über eine einfache exponentielle Funktion anfitten:

$$\tau(freiesCFP) = \tau_{min} + (\tau_{max} - \tau_{min}) * e^{(-CFP/(\tau_{max}/\tau_{min}))}$$

wobei τ_{min} die mittlere Fluoreszenzlebenszeit von CFP.YFP (τ_{av} = 1,25 ns) und τ_{max} die mittlere Fluoreszenzlebenszeit von CFP (τ_{av} = 2,57 ns) ist. Im Exponenten beschreibt der Ausdruck CFP den Anteil an freiem (monomerem) CFP pro CFP.YFP.

Mit Hilfe dieser Funktion ließ sich für mittlere Fluoreszenzlebenszeiten der entsprechende Anteil an freiem CFP pro CFP.YFP bestimmen.

Eichkurve der FCCS-Versuche

Bei der FCCS wird der Anteil an Dimeren durch die Kreuzkorrelation direkt dargestellt. Wie bereits in Abschnitt 4.2.3. beschrieben, ist die minimal detektierbare Kreuzkorrelation jedoch 8 %, wenn nur GFP-Monomere vorliegen. Dies bedeutet, dass auch ohne Dimer-Anteil bereits eine Kreuzkorrelation ermittelt wird. Ebenso wird bei 100 % Dimeren (GFP.mCherry) eine Kreuzkorrelation von nur 57 % gemessen. Demzufolge mussten die Anteile von GFP.mCherry umskaliert werden. Es wurde ein linearer Zusammenhang zwischen der gemessenen Kreuzkorrelation und dem tatsächlichen Anteil an GFP.mCherry Paaren angenommen. So lässt sich im Anschluss der tatsächliche Anteil an GFP.mCherry Paaren bestimmen (siehe Abb. 20C). Der lineare Fit hat folgende Form:

$$GFP.mCherry\ (\%) = KK\ (\%) / 0{,}5049 - 6{,}699$$

wobei KK (%) die ermittelte Kreuzkorrelation ist. Aus dem Anteil an GFP.mCherry Paaren lässt sich wiederum der Anteil an freiem GFP pro GFP.mCherry Paar bestimmen.

Die Änderung der Skalierung und der lineare Zusammenhang zwischen der gemessenen KK (%) und den tatsächlichen GFP.mCherry Paaren, konnte durch Kontrollmessungen überprüft und bestätigt werden. Dazu wurden die Zellen mit dem Tandem GFP.mCherry und einem weiteren, photokonvertierbaren, monomeren Fluoreszenzprotein (Kikume, [mKikGr]) kotransfiziert. Dieses liegt zunächst nur in der grün fluoreszierenden Konformation vor. Unter den gewählten Einstellungen am Mikroskop (GFP und mCherry zeigen beim Tandem die gleiche Intensität) lässt sich über die Intensitätsmessung im grünen Kanal und mit Hilfe der Quantenausbeuten für GFP und mKikGr [110, 118] ein Verhältnis von mKikGr (Monomer) zu GFP (Dimer mit mCherry) ermitteln. Im Anschluss daran wurde durch Belichtung bei 405 nm ein Teil des grünen mKikGr zum rot fluoreszierenden Molekül photokonvertiert. Somit liegen sowohl grün-rote Dimere als auch grüne und rote Monomere in der Zelle mit einer bekannten Stöchiometrie vor, denn der jeweilige Anteil an GFP.mCherry im Vergleich zu grünem mKikGr kann über die Fluoreszenzintensität und die jeweiligen Quantenausbeuten bestimmt werden. Die Werte für die KK (%) jeder Probe wurden bzgl. des Anteils an GFP.mCherry Paaren in der Eichkurve aufgetragen. Die ermittelten Werte der Kreuzkorrelation stimmen mit dem linearen Fit überein und bestätigen damit die Annahme eines linearen Zusammenhangs (siehe Abb. 20C, graue Punkte).

4.3.2. Bestimmung des Monomer-Dimer Verhältnisses

Aus den in 4.3.1. vorgestellten Eichkurven lässt sich bei bekannter Energie-Transfer-Effizienz oder mittlerer amplitudengewichteter Fluoreszenzlebenszeit ein Anteil an freiem CFP pro Tandem (CFP.YFP) bestimmen. Im Falle der FCCS-Messungen wird durch eine Änderung der Skalierung aus der Kreuzkorrelation der Anteil an GFP.mCherry Paaren ermittelt. Die, aus den Eichkuven bestimmten, Dimeranteile zeigen aber noch kein vollständiges Bild der in der PM vorhandenen Rezeptormonomere und –dimere, denn Berücksichtigung fanden nur freie CFP- bzw. GFP-Moleküle, sowie Rezeptordimere die sowohl CFP (bzw. GFP) als auch YFP (bzw. mCherry) Fusionen besitzen.

In Abb. 21 ist schematisch dargestellt, wie sich die Moleküle in der Zelle statistisch aufteilen. Am Beispiel des Verhältnisses von drei Teilen freies CFP (oder GFP) zu einem Teil Tandem (CFP.YFP oder GFP.mCherry) wurde das tatsächliche M/D ermittelt. Geht man von einer statistischen Gleichverteilung aus, werden zunächst nicht alle Monomer- und Dimer-Kombinationen berücksichtigt, da YFP (mCherry) Monomere und Dimere nicht direkt detektiert werden. Um eine bessere Stöchiometrie für die Dimere zu erreichen, wurden die Werte zunächst verdoppelt (6:2, Abb. 21B). Die Berücksichtigung der Dimere (CFP.CFP bzw. GFP.GFP), die als Monomere detektiert werden, erfolgte nach folgendem Prinzip: Für 2 Monomere die einem Dimer entsprechen, muss der Wert 2 vom Anteil der Monomere abgezogen werden.

Im Anschluss müssen noch YFP- (bzw. mCherry-) Monomere und Dimere berücksichtigt werden (Abb. 21C), diese sollten mit den CFP- (GFP-) Monomeren und Dimeren gleichverteilt sein. Derart ergibt sich aus dem in Abb. 21 exemplarisch dargestellten Verhältnis von 3:1 (freies CFP pro Tandem) bei statistischer Gleichverteilung ein M/D von 2:1.

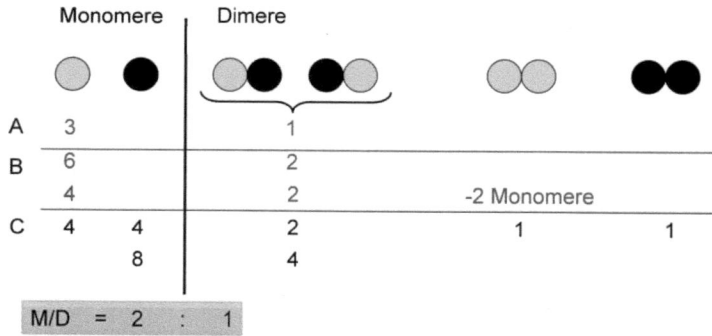

Abb. 21: Schematische Darstellung zur Bestimmung des M/D: A Am Beispiel eines Verhältnisses von freiem CFP pro CFP.YFP (bzw. freiem GFP pro GFP.mCherry) von 3:1 wird das tatsächliche M/D, bei statistischen Gleichverteilung der Monomer- und Dimer-Kombinationen, bestimmt. **B** Um eine bessere Stöchiometrie für die Dimere zu erreichen wurden die Werte verdoppelt. Es können nun die Dimere (CFP.CFP bzw. GFP.GFP) berücksichtigt werden, die als Monomere detektiert werden. Da 2 Monomere einem Dimer entsprechen, musste der Wert 2 von dem Anteil der Monomere abgezogen werden. **C** Stöchiometrisch müssen noch YFP (bzw. mCherry) Monomere und Dimere berücksichtigt werden. Es ergibt sich ein M/D von 2:1.

In Tabelle 1 sind die Ergebnisse der M/D-Bestimmung aufgelistet. Dargestellt sind sowohl die experimentell ermittelten Energie-Transfer-Effizienzen (E_T [%]) bzw. Kreuzkorrelationen (KK [%]) als auch die aus den Eichkurven ermittelten Werte und das daraus abgeleitete M/D. An dieser Stelle muss noch einmal betont werden, dass für diese Abschätzung nur Rezeptordimere berücksichtigt werden. Andere mögliche oligomere Anordnungen wurden bei dieser Betrachtung außer Acht gelassen. Die Ergebnisse für das M/D der untersuchten GPCR ließen sich vorerst mit den drei angewandten Methoden nicht in Übereinstimmung bringen. Da die Unterschiede sehr groß sind, können sie nicht auf Messfehler zurückgeführt werden. In Abschnitt 5.1.1. wird näher erläutert, mit welcher der Methoden ein realistisches Ergebnis für das M/D der untersuchten GPCR bestimmt werden konnte.

Tabelle 1: Ergebnisse der FRET- und FCCS-Experimente und Bestimmung des M/D. Darstellung der Energie-Transfer-Effizienzen und Kreuzkorrelationen aus den FRET-Spektren, FLIM-FRET-Versuchen und FCCS-Messungen sowie das ermittelte M/D der GPCR nach dem in Abb. 20 dargestellten Schema aus den Werten der Eichkurven (CFP/Tandem bzw. GFP/Tandem)

		CRF_1R	V_2R	ET_BR	$CRF_{2(a)}R$
FRET-Spektren	$E_T \pm SD$ (%)	21 ± 4	15 ± 4	7 ± 4	—
	CFP/Tandem	1,9	2,3	3,5	—
	M/D	0,9	1,3	2,5	—
FLIM-FRET	$E_T \pm SD$ (%)	10 ± 1	8 ± 1	—	—
	CFP/Tandem	3,1	3,7	—	—
	M/D	2,1	2,7	—	—
FCCS	KK ± SD (%)	18 ± 6	15 ± 5	14 ± 6	—
	GFP/Tandem	3,6	5,4	5,6	—
	M/D	2,6	4,4	4,6	—

4.4. Nachweis von CRF_1R-Dimeren über TIRFM

Ein Ziel dieser Arbeit war die Aufklärung des M/D der untersuchten GPCR. Dies setzt jedoch die Annahme voraus, dass diese GPCR tatsächlich Homo-Dimere und keine höheren Oligomere bilden. Um diese Annahme zu untermauern, wurden beispielhaft am CRF_1R-YFP TIRFM-Messungen durchgeführt. Mit dieser Methode ist es möglich, durch diskrete Bleichschritte (bei sehr schwacher Fuorophorkonzentration) die Anzahl an Fluoreszenzproteinen, die der jeweiligen PSF zu Grunde liegen, zu bestimmen. Dazu ist es notwendig, die Fluoreszenzintensität eines einzelnen (monomeren) Fluorophors (in diesem Fall YFP) zu ermitteln. Erst wenn diese bekannt ist, können Rückschlüsse bzgl. der Anzahl an Fluorophoren innerhalb einer PSF gezogen werden.

4.4.1. Vorversuche zu den TIRFM-Messungen

Aufreinigung von YFP

Für die Bestimmung der Fluoreszenzintensität eines einzelnen YFP-Moleküls wurde die YFP-cDNA in den prokaryotischen Expressionsvektor pPal7 kloniert. Zusätzlich wurde YFP N-terminal mit einer FKAL-Sequenz fusioniert. Nach Transformation in *E.coli* Rosetta DE3 und Induktion mit 1 mM IPTG erfolgte die Proteinexpression bei RT über 2 h. Das YFP-Protein wurde affinitätschromatographisch mit Hilfe der Profinia Xtract Säule gereinigt und über die FKAL Schnittstelle vom Säulenmaterial eluiert. Die Reinheit des YFP-Proteins wurde mittels SDS-PAGE überprüft (Abb. 22).

Für die aufgereinigte Probe konnte eine deutliche Proteinbande bei 26 kDa detektiert werden (Spuren 3 und 4), deren apparente molekulare Masse mit der berechneten übereinstimmt. Des Weiteren ist zu erkennen, dass YFP sauber aufgereinigt werden konnte. Im Bradford-Test wurde eine YFP-Konzentration von 0,8 g/l ermittelt.

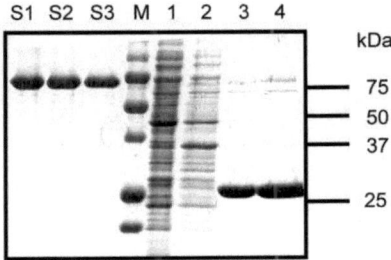

Abb. 22: SDS-PAGE mit affinitätschromatografisch aufgereinigtem YFP. Proben des aufgereinigten, eluierten YFP (Spuren 3 und 4), der Gesamtzelllysate der Testexpression vor und nach Induktion (Spuren 1 und 2) und von BSA Standards (Konzentrationen 1; 0,5 und 0,25 g/l, [Spuren S1 bis S3]) wurden der Größe nach aufgetrennt und mit Coomassie-Brillantblau gefärbt. Das eluierte YFP läuft wie erwartet bei 26 kDa. Spur 2: Nach Induktion verstärkt sich die Bande bei 34 kDa. Diese Bande entspricht YFP (26 kDa) mit der N-terminalen FKAL-Sequenz (8 kDa). M = Marker *(Prestained Protein Ladder)*

Bestimmung der Fluoreszenzintensität eines einzelnen YFP-Moleküls

Zu Beginn der TIRFM-Messungen wurde das aufgereinigte YFP auf eine Endkonzentration von 3 nM verdünnt und mittels eines geeigneten GFP-Antikörpers (A6455 anti GFP rabbit polyclonal serum) auf einem Deckglas immobilisiert (siehe Abb 23A). Danach wurden einzelne fluoreszierende Punkte (ein Punkt entspricht jeweils einer PSF) im TIRFM-Modus des Mikroskops beobachtet.

Das schrittweise Bleichen dieser punktuellen YFP-Fluoreszenz gab Aufschluss über die Intensität eines einzelnen YFP-Moleküls (nach einer quantitativen Auswertung der Signale). Dazu wurden auch Messungen an Deckgläsern durchgeführt, auf denen sich nur der Antikörper befand, um das Hintergrundsignal zu substrahieren. Eine repräsentative Auswahl monomerer Intensitätssignale ist in Abb. 23B dargestellt. Es konnten sowohl einzelne Bleichschritte (Abb. 23B, links) als auch die Bindung von YFP an den Antikörper (Abb. 23B, rechts) beobachtet werden. Es ist also mit dem gewählten Versuchsaufbau möglich auf Einzelmolekülebene zu detektieren.

Ergebnisse

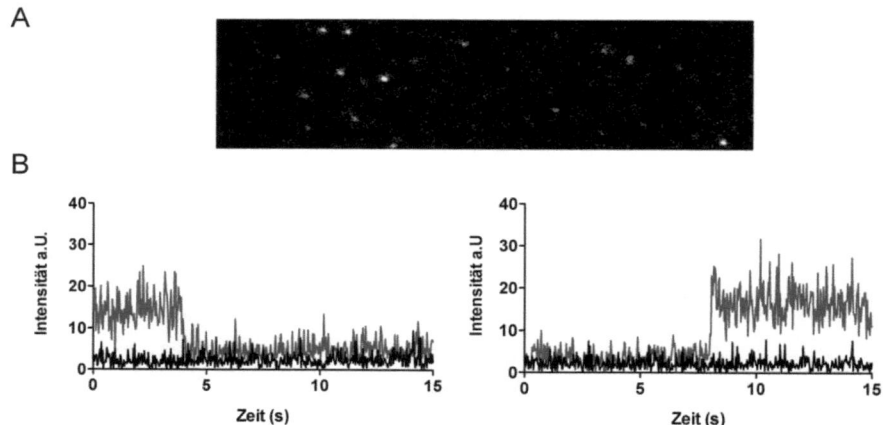

Abb. 23: Einzelmolekülmessungen mittels TIRFM an aufgereinigtem YFP. A Das Bild zeigt aufgreinigtes YFP (3 nM), welches mittels eines geeigneten GFP-Antikörpers auf einem Deckglas immobilisiert wurde. **B** Gezeigt sind repräsentative Messspuren aus vier unabhängigen Versuchen. Die YFP-Intensität (grau) eines einzelnen, durch Antikörper immobilisierten YFP sind dargestellt. Sowohl einzelne Bleichschritte (links) als auch die Bindung eines YFP-Moleküls an den Antikörper (rechts) konnte beobachtet werden. In schwarz sind die Messspuren des Hintergrundsignals dargestellt.

4.4.2. Nachweis von CRF_1R-Dimeren

Nachdem die Intensität eines einzelnen YFP-Moleküls bestimmt werden konnte, wurden TIRFM-Messungen an HEK293 Zellen durchgeführt, die transient mit CRF_1R-YFP cDNA transfiziert waren. Das Hintergrundsignal konnte mit Hilfe von HEK293 Zellen bestimmt werden, die nur einen Leervektor (pcDNA3) enthielten. Mit Hilfe der Software GMimPro wurden für YFP 2534 fluoreszierende Punkte gemessen, analysiert und ihre Intensitätsverteilung in Abb. 24A aufgetragen. Diese Verteilung lässt sich durch eine einfache Gaussfunktion mit einem Mittelwert von 16 ± 4 a.U. beschreiben. Im Falle von CRF_1R-YFP wurden 7594 fluoreszierende Punkte analysiert (siehe Abb. 24B). Die Intensitätsverteilung der Punkte kann durch eine Summe aus zwei Gaussfunktionen beschrieben werden. Dabei wurde für die erste Funktion ein Mittelwert von 16 ± 4 a.U. festgelegt. Für die zweite Gaussfunktion ergab sich ein Mittelwert von 32 ± 8 a.U. Für CRF_1R-YFP waren demnach sowohl Monomere als auch Dimere, jedoch keine höheren oligomeren Signale messbar. Dabei muss festgehalten werden, dass die CRF_1R-YFP Konstrukte bewegliche Punkte in den Zellen darstellen (Diffusion in der PM), die nicht lange genug verfolgt werden konnten, um diskrete Bleichschritte am Rezeptor zu beobachten. So konnten lediglich die Intensität der einzelnen PSF in den Zellen zur Analyse herangezogen werden.

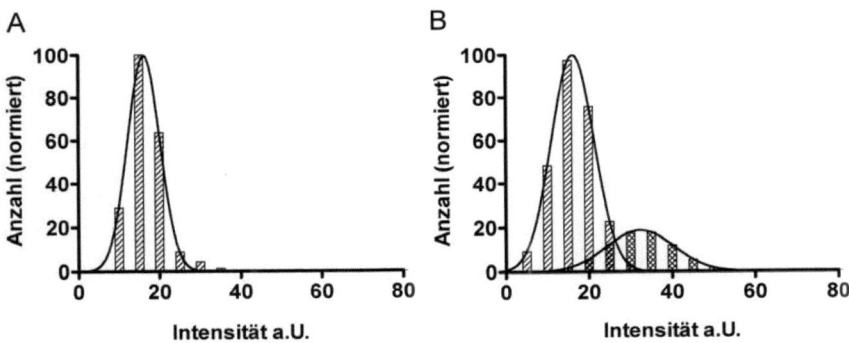

Abb. 24: Nachweis der Dimerisierung des CRF_1R: Gezeigt sind die Gaussverteilungen der detektierten Intensitäten. **A** Normierte Verteilung der immobilisierten YFP-Moleküle einer 3 nM Lösung. Analysiert wurden N = 2534 Punkte aus vier unabhängigen Versuchen. Der Mittelwert für die Intensität eines einzelnen YFP-Moleküls beträgt nach dem Anfitten mit einer Gaussfunktion 16 ± 4 a.U. **B** Normierte Verteilung für CRF_1R-YFP transfizierte HEK293 Zellen. Analysiert wurden N = 7594 Punkte aus vier unabhängigen Versuchen (in jeweils mindestens 5 Zellen). Diese Verteilung wurde mit zwei Gaussfunktionen angefittet. Der Mittelwert der ersten Funktion entspricht den CRF_1R-Monomeren (16 ± 4 a.U.). Der Mittelwert der zweiten Funktion entspricht CRF_1R-Dimeren (32 ± 8 a.U.).

Die TIRFM-Messungen zeigen, dass keine Homo-Oligomere für den CRF_1R-YFP detektiert wurden, die über einen Dimerstatus hinausgehen. Die Bestimmung des M/D für diesen Rezeptor ist demnach sinnvoll und kann auch mit dieser TIRFM-Methode untersucht werden. Aus der in Abb. 24B gezeigten Gaussverteilung von Monomeren und Dimeren für den CRF_1R-YFP lassen sich auch deren Anteile ermitteln. Demnach liegt der CRF_1R-YFP in der PM lebender HEK293 Zellen zu 23 % als Dimer vor. Das entspricht einem M/D von 3,3. Dieses ermittelte Verhältnis gleicht dem der FCCS-Messungen am CRF_1R (M/D = 2,6).

4.5. Einfluss von Signalpeptiden auf die Oligomerisierung der CRFR

Während der Untersuchungen zur Homo-Oligomerisierung von GPCR lag das Verhalten der CRFR im Fokus. Der CRF_1R und der $CRF_{2(a)}R$ sind zu 70 % homolog, wobei sie die größten Unterschiede in Ihrer Aminosäuresequenz im Bereich des N-Terminus aufweisen. Trotz dieser Homologie ließen sich für den $CRF_{2(a)}R$ keine Homo-Oligomere nachweisen. Für den CRF_1R hingegen war in jedem Fall ein deutliches Interaktionssignal detektierbar.

Der $CRF_{2(a)}R$ verfügt über ein sogenanntes Pseudosignalpeptid am N-Terminus, welches nicht abgespalten wird und zu einer schwachen Expression des Rezeptors führt. Ferner verhindert das Pseudosignalpeptid die Kopplung an das Gi-Protein durch einen bislang unbekannten Mechanismus [61]. Der $CRF_{2(a)}R$ koppelt also nur an Gs. Der CRF_1R besitzt dagegen ein konventionelles, abspaltbares Signalpeptid und koppelt sowohl an Gs als auch an Gi. Das führt beim CRF_1R zu einer glockenförmigen Konzentrations-Wirkungs-Kurve bei Stimulation mit einem Agonisten [52, 61]. Es gibt Hinweise dafür, dass die Oligomerisierung von GPCR einen Einfluss auf die Selektivität der Rezeptoren für die einzelnen G-Proteine hat. Ein Einfluss auf die Gi-Kopplung wurde z.B. nach Koexpression von µ- und δ-Opioid-Rezeptoren [31, 32] sowie CCR5 und CCR2 Chemokin-Rezeptoren [33] beobachtet. Beim TSHR beeinflusst die Homo-Oligomerisierung des Rezeptors die Selektivität für die Kopplung an Gs und Gq [34].

In dieser Arbeit konnte gezeigt werden, dass der $CRF_{2(a)}R$ als Monomer in der PM lebender Zellen vorliegt. Es stellte sich daher die Frage, ob der Verlust der Gi-Kopplung am $CRF_{2(a)}R$ durch den monomeren Status des Rezeptors und folglich durch das Pseudosignalpeptid bedingt ist. Mit anderen Worten: Das Pseudosignalpeptid könnte die Oligomerisierung des Rezeptors verhindern und so einen Einfluss auf die G-Protein Selektivität nehmen. Daher wurde die Bedeutung des Pseudosignalpeptids für die Rezeptor-Oligomerisierung mit den bereits vorgestellten mikroskopischen Methoden untersucht. Die G-Protein Kopplung wurde in *Schulz et al.* [61] mit Hilfe von Signalpeptidmutanten der CRF-Rezeptoren analysiert. Es handelt sich dabei um die Konstrukte $SP1.CRF_{2(a)}R$, bei dem das Pseudosignalpeptid des $CRF_{2(a)}R$ gegen das konventionelle Signalpeptid des CRF_1R ausgetauscht wurde, und um $SP2.CRF_1R$, bei dem das Pseudosignalpeptid des $CRF_{2(a)}R$ auf den CRF_1R übertragen wurde. Es konnte gezeigt werden, dass $SP2.CRF_1R$ nicht in der Lage ist Gi zu koppeln - im Gegensatz zum wildtypischen CRF_1R. Konstrukt $SP1.CRF_{2(a)}R$ hingegen kann, im Vergleich zum wildtypischen $CRF_{2(a)}R$, sowohl Gi als auch Gs koppeln. Eine Übersicht zu diesen Konstrukten und der dazugehörigen G-Protein Kopplung ist in Abb. 25 gegeben.

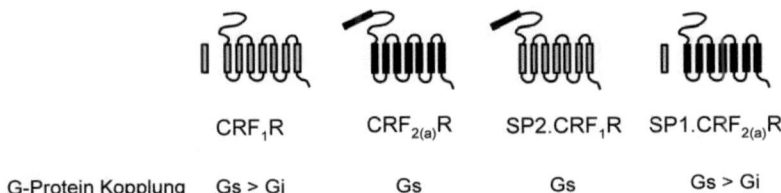

Abb. 25: Schematischer Überblick der CRFR und der Signalpeptidmutanten. Der CRF_1R (grau) besitzt ein konventionelles abspaltbares Signalpeptid. Er koppelt an Gi and Gs. Der $CRF_{2(a)}R$ (schwarz) besitzt ein nicht abspaltbares Pseudosignalpeptid und koppelt nur an Gs. Konstrukt $SP2.CRF_1R$ koppelt nur an Gs während $SP1.CRF_{2(a)}R$ sowohl an Gs als auch an Gi koppeln kann. Diese G-Protein Selektivität konnte über den Signalpeptidaustausch in *Schulz et al.* [61] nachgewiesen werden.

Die in *Schulz et al.* [61] beschriebenen und untersuchten Signalpeptidmutanten wurden in dieser Arbeit auf ihre Homo-Oligomerisierung hin untersucht. Ziel war es und einen funktionellen Zusammenhang zwischen der Oligomerisierung und der G-Protein Kopplung herzustellen.

4.5.1. Untersuchung des Oligomerisierungssatus der Signalpeptidmutanten

Die Signalpeptidmutanten $SP2.CRF_1R$ und $SP1.CRF_{2(a)}R$ wurden, wie auch die wildtypischen GPCR, C-terminal mit den Fluoreszenzproteinen CFP, YFP, GFP und mCherry fusioniert. Mittels FRET-Spektren, FLIM-FRET und FCCS wurde die Oligomerisierung dieser Konstrukte untersucht.

Abb. 26A zeigt die Ergebnisse der FRET-Spektren. Für das Konstrukt $SP1.CRF_{2(a)}R$ konnte eine Energie-Transfer-Effizienz bestimmt werden, die von der Negativkontrolle signifikant verschieden war. Der Wert $E_T = 9 \pm 3$ % war allerdings auch wesentlich geringer als beim CRF_1R ($E_T = 21 \pm 4$ %). Konstrukt $SP1.CRF_{2(a)}R$ ist also in der Lage Homo-Oligomere zu bilden. Auch für $SP2.CRF_1R$ ließ sich eine Effizienz berechnen. Dieser Wert ($E_T = 6 \pm 5$ %) war jedoch im Vergleich zum wildtypischen CRF_1R und auch zum $SP1.CRF_{2(a)}R$ signifikant verringert (Abb. 26B). Als Kontrolle wurden der CRF_1R, der $CRF_{2(a)}R$ und die Negativkontrolle, wie oben beschrieben, eingesetzt (Abb. 26C, in grau).

Die Ergebnisse der FLIM-FRET Messungen sind in Abb. 27 dargestellt. Aus den detektierten mittleren Fluoreszenzlebenszeiten (τ_{av}) für die CFP-fusionierten Rezeptoren und die Kotransfektion aus CFP- und YFP-fusionierten GPCR (Abb. 27A) konnten die Energie-Transfer-Effizienzen der Signalpeptidmutanten ermittelt werden. Der $SP1.CRF_{2(a)}R$ zeigt wie erwartet ein signifikantes Interaktionssignal im Gegensatz zum $SP2.CRF_1R$, dessen Effizienz sich nicht signifikant von der Negativkontrolle unterschied (Abb 27B). Als Kontrolle wurden der CRF_1R, der $CRF_{2(a)}R$ und die Negativkontrolle dargestellt (Abb. 27C, in grau).

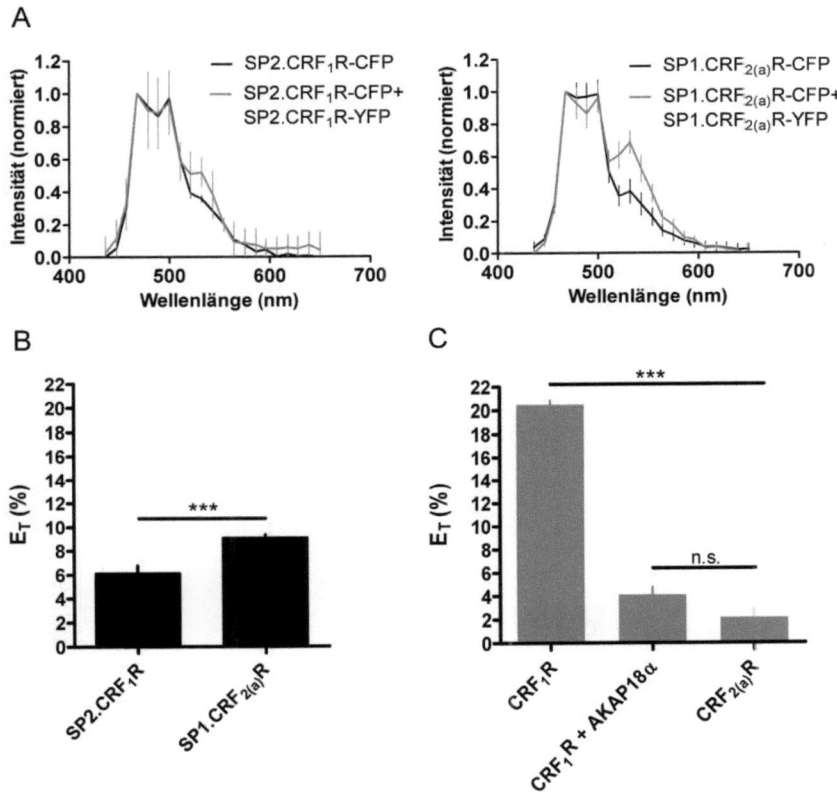

Abb. 26: Untersuchung des Oligomerisierungsstatus der Signalpeptidmutanten anhand von FRET-Spektren. A Fluoreszenzspektren mit λ_{ex} = 810 nm (Zweiphotonentechnik). Gezeigt ist jeweils das Spektrum der CFP-fusionierten Konstrukte im Vergleich zur Kotransfektion der CFP- und YFP-fusionierten Konstrukte. Im Fall eines FRET wird ein YFP Signal in Form eines zusätzlichen Maximums bei 532 nm sichtbar. Gezeigt ist jeweils der Mittelwert ± SD aus drei unabhängigen Messungen, N > 30. **B** Berechnete Energie-Transfer-Effizienzen (E_T %) aus den in A gezeigten FRET-Spektren der Signalpeptidmutanten. Für den Test auf signifikante Unterschiede wurde der t-Test (***, $p < 0,0001$) verwendet. **C** Darstellung der E_T (%) für die wildtypischen CRFR ermittelt aus FRET-Spektren.

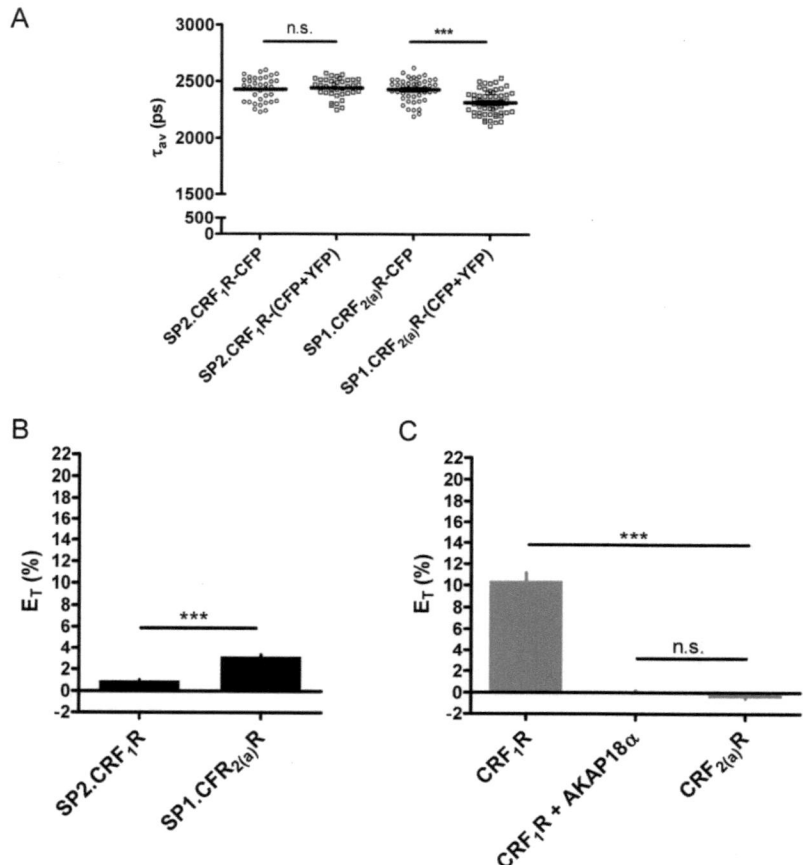

Abb. 27: Untersuchung des Oligomerisierungsstatus der Signalpeptidmutanten mittels FLIM-FRET. A Scatchardplot der Fluoreszenzlebenszeiten (τ_{av}). Gezeigt sind jeweils die Einzelwerte (N > 25) für τ_{av} aus Messungen an CFP-fusionierten Konstrukten bzw. kotransfizierten CFP- und YFP-fusionierten Konstrukten. Die schwarzen Linien innerhalb der Punktwolken zeigen den Mittelwert der einzelnen τ_{av}. Die Daten aus mindestens drei unabhängigen Experimenten sind gezeigt. **B** Berechnete Energie-Transfer-Effizienzen aus den FLIM-FRET-Messungen. Signifikante Unterschiede wurden über den t-Test (***, $p < 0,0001$) bestimmt. **C** Darstellung der E_T (%) für die wildtypischen CRFR die aus FLIM-FRET-Messungen ermittelt wurden.

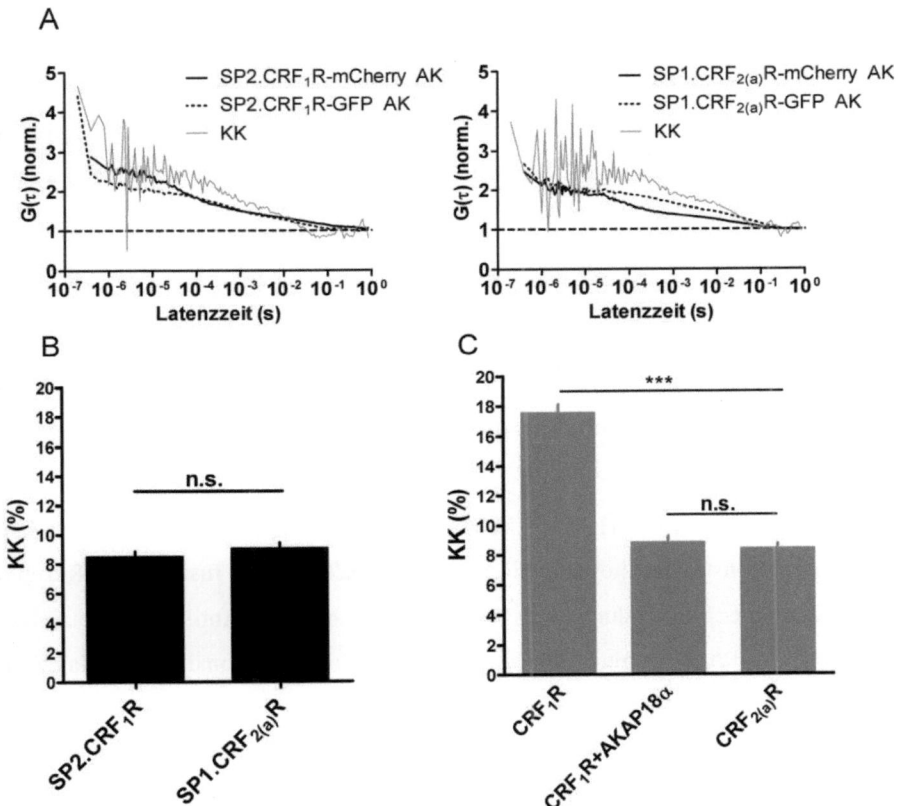

Abb. 28: Untersuchung des Oligomerisierungsstaus der Signalpeptidmutanten mittels FCCS. A Auto- und Kreuzkorrelationskurven der GFP- bzw. mCherry-markierten GPCR. Die Kurven sind repräsentativ für fünf unabhängige Messungen mit N > 100. Die Kurven zeigen die normierten Autokorrelations- (AK) und Kreuzkorrelations- (KK) Analysen (G(τ), τ = Korrelationszeit). **B** Darstellung der ermittelten Kreuzkorrelationen (KK [%]). Die Anfittung der Korrelationskurven erfolgte über ein Zweikomponenten-Modell in zwei Dimensionen. Die Balken stellen die Mittelwerte ± SEM mit N > 100 dar. Signifikante Unterschiede wurden über den t-Test (***, $p < 0.0001$) bestimmt. **C** Darstellung der KK (%) für die wildtypischen CRFR ermittelt aus FCCS-Messungen.

Da die FRET-Messungen vermuten ließen, dass der SP2.CRF$_1$R als Monomer vorliegt, wurden zusätzlich FCCS-Messungen durchgeführt. Für den SP2.CRF$_1$R ergab sich dabei keine Kreuzkorrelation, die signifikant verschieden zur Negativkontrolle war, was die Ergebnisse der FRET-Messungen stützt. Mit den FCCS-Messungen ließ sich das Interaktionssignal des SP1.CRF$_{2(a)}$R jedoch nicht bestätigen. Die Ergebnisse und repräsentative Auto- und Kreuzkorrelationskurven der FCCS-Messungen an den Signalpeptidmutanten sind in Abb. 28 dargestellt.

4.5.2. Biochemische Validierung der fluoreszenzmikroskopischen Methoden

Um die Ergebnisse der fluoreszenzmikroskopischen Einzelzell- und Einzelmolekül-Messungen zu stützen, wurde als biochemische Methode die *Co-Immunopräzipitation* eingesetzt (Kooperation mit Frau Dr. Claudia Rutz [FMP. Berlin, D])

Zu diesem Zweck wurden HEK293 Zellen transient mit den GFP- und mCherry.flag-fusionierten Konstrukten kotransfiziert. Die mit mCherry.flag fusionierten Rezeptoren wurden unter Verwendung eines monoklonalen anti-Flag Antikörpers präzipitiert und über SDS-PAGE/Immunoblotting mit Hilfe eines polyklonalen anti-Flag Antikörpers detektiert (Abb. 29B). Co-präzipitierte GFP-fusionierte Konstrukte wurden über einen monoklonalen anti-GFP Antikörper nachgewiesen (Abb. 29A). Da das Pseudosignalpeptid einen Einfluss auf das Expressionslevel der jeweiligen Konstrukte hat, wurde die Intensität der fluorophorfusionierten Rezeptoren in lebenden HEK293 Zellen durch FACS-Messungen quantifiziert. Im Anschluss wurden jeweils gleiche Mengen an mCherry.flag-fusionierten Rezeptoren auf das Gel der SDS-PAGE geladen. *Co-präzipitierte* GFP-Konstrukte, welche auf eine Oligomerisierung hindeuten, konnten für CRF$_1$R und SP1.CRF$_{2(a)}$R nachgewiesen werden, nicht jedoch für CRF$_{2(a)}$R und SP2.CRF$_1$R, die ein Pseudosignalpeptid enthielten (siehe Abb. 29A).

Zur Validierung dieser Methode wurden Zelllysate, die entweder die GFP oder die mCherry.flag fusionierten Konstrukte enthielten, gemischt. Die Rezeptoren wurden wie oben beschrieben präzipitiert und detektiert. Unter diesen Bedingungen konnten keine co-präzipitierten GFP-Konstrukte nachgewiesen werden.

Die *Co-Immunopräzipitationen* bestätigen die Ergebnisse der fluoreszenzmikroskopischen Versuchen hinsichtlich des Oligomerisierungsstatus der untersuchten CRFR und ihrer Signalpeptidmutanten. Lediglich bei der FCCS scheint die schwache Interaktion des $SP1.CRF_{2(a)}R$ nicht nachweisbar zu sein.

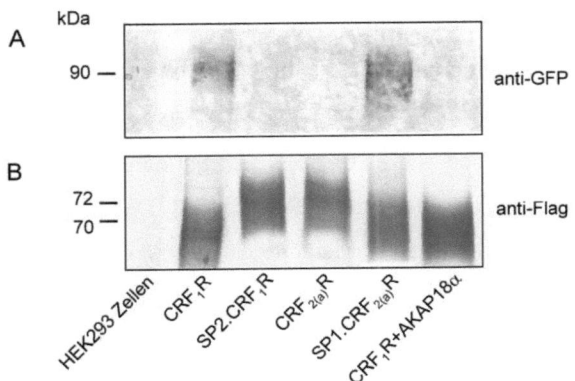

Abb. 29: *Co-Immunopräzipitation* zur Analyse der Homo-Oligomerisierung der wildtypischen CRFR und ihrer Signalpeptidmutanten. A HEK293 Zellen wurden transient mit GFP- und mCherry.flag-fusionierten Rezeptoren kotransfiziert. Die Rezeptorkonstrukte wurden mit Hilfe eines monoklonalen anti-Flag Antikörpers präzipitiert. Co-präzipitierte GFP-Konstrukte wurden über SDS-PAGE/Immunoblotting mit Hilfe eines monoklonalen anti-GFP Antikörpers und mit Alkalischer Phosphatase konjugiertem *anti-mouse IgG* detektiert. **B** Als Ladekontrolle wurden präzipitierte mCherry.flag-fusionierte Konstrukte über einen monoklonalen anti-Flag Antikörper und mit Alkalischer Phosphatase konjugiertem *anti-mouse IgG* detektiert. Die Expression der Konstrukte wurde im Vorfeld der Untersuchungen über FACS-Messungen quantifiziert und die Menge der mCherry.flag-fusionierten Konstrukte bei Beladung der Gele angeglichen. Der Blot ist repräsentativ für 3 unabhängige Experimente.

5. Diskussion

Untersuchungen zur Interaktion von GPCR beschränken sich meist auf die einfache Aussage, ob unter den gegeben Bedingungen eine Homo- oder Hetero-Oligomerisierung stattfindet. Informationen über die Dynamik der Interaktion oder zum Anteil der interagierenden Rezeptoren sind dagegen rar. Nur wenige Veröffentlichungen widmen sich bislang dem Versuch, Rückschlüsse auf das Verhältnis von Monomeren und Dimeren bzw. Oligomeren zu ziehen. Dabei werden ganz unterschiedliche Ansätze genutzt [119 - 121].

Im ersten Teil dieser Arbeit war es das Ziel zur Aufklärung des M/D der folgenden GPCR beizutragen: CRF_1R, $CRF_{2(a)}R$, V_2R und ET_BR. Dabei stellte sich heraus, dass die FCCS eine elegante, innovative Methode darstellt, die zur Bestimmung des M/D sehr gut geeignet ist. Die Ergebnisse dieser M/D-Bestimmungen führen zu der Hypothese, dass die untersuchten GPCR in einem spezifischen Verhältnis aus Monomeren und Dimeren vorliegen. Mit Hilfe der FRET-Versuche konnten zusätzlich Informationen zur Interaktions-Dynamik dieser GPCR gewonnen werden. Dabei war festzustellen, dass GPCR der Familie 1 eine höhere Dynamik aufweisen als GPCR der Familie 2.

Der zweite Teil der Arbeit befasste sich mit der Rolle der Signalpeptide bzgl. der Interaktion der untersuchten CRFR. Untersuchungen an Signalpeptidmutanten mittels der drei etablierten Methoden zeigen, dass das Pseusosignalpeptid des $CRF_{2(a)}R$ in der Lage ist, die Oligomerisierung des Rezeptors zu verhindern. Diese Ergebnisse weisen außerdem darauf hin, dass die Oligomerisierung der CRFR deren G-Protein Kopplung und damit deren Signaltransduktion beeinflusst.

Die oben aufgeführten Schlussfolgerungen sollen im Folgenden diskutiert werden.

5.1. Aufklärung des M/D der untersuchten GPCR

5.1.1. FCCS bietet die Möglichkeit zur Bestimmung des M/D interagierender GPCR

Die Methoden am LSM wurden genutzt, um Informationen über das M/D von GPCR in der PM lebender HEK293 Zellen zu erhalten. Eine Voraussetzung für diese Bestimmung war die Annahme, dass im Fall einer Interaktion die GPCR tatsächlich als Dimere und nicht als höhere Oligomere vorliegen. Für den CRF_1R konnte dies mittels TIRFM bestätigt werden. Die Ergebnisse der Untersuchungen wurden in Tabelle 1 zusammengefasst (siehe 4.3.2.). Dabei war zu erkennen, dass sich kein einheitliches Ergebnis für das M/D aus den drei Ansätzen generieren ließ. In Tabelle 2 sind das M/D und der daraus berechnete prozentuale Anteil an Homo-Dimeren für die untersuchten GPCR zusammengefasst. Da für den $CRF_{2(a)}R$ keine Homo-Dimere nachgewiesen werden konnten, wird dieser hier nicht berücksichtigt.

Tabelle 2: Zusammenfassung der ermittelten M/D und Bestimmung der prozentualen Anteile der GPCR-Dimere.

		CRF_1R	V_2R	ET_BR
FRET-Spektren	M/D	0,9	1,3	2,5
	Dimere (%)	53	44	29
FLIM-FRET	M/D	2,1	2,7	—
	Dimere (%)	32	27	—
FCCS	M/D	2,6	4,4	4,6
	Dimere (%)	28	19	18

Anhand der Tabelle 2 ist zu erkennen, dass sich die Ergebnisse mit den drei angewandten Methoden nicht in Übereinstimmung bringen lassen. Der Anteil an Dimeren, der aus den FRET-Spektren ermittelt werden konnte, ist bedeutend höher als bei den FLIM-FRET- und FCCS-Messungen. Dies lässt sich aus den

Diskussion

Bedingungen erklären, die zu Beginn der Untersuchung festgelegt wurden. Denn unter der Annahme, dass die GPCR in einer Mischung aus Monomeren und Dimeren vorliegen, sollte der Abstand dieser Dimere dem des Tandem CFP.YFP sehr ähnlich sein. Des Weiteren wurde eine parallele Orientierung der Dipolmomente angenommen. Für den Fall, dass der Abstand der fusionierten Fluorophore oder die Orientierung ihrer Dipolmomente sehr verschieden zum Tandem (CFP.YFP) sind, kann die erstellte Eichkurve jedoch keine realistischen Daten mehr liefern.

Diese Betrachtungen gelten ebenfalls für die FLIM-FRET-Versuche. Bei dieser Methode kommt erschwerend hinzu, dass bereits die Fluoreszenzlebenszeit (τ_{av}) der CFP-fusionierten Rezeptoren gegenüber der von zytosolischem CFP verkürzt war. Damit liefert die Eichkurve, welche für die Bestimmung des M/D notwendig ist, keine korrekten Daten für die Fluorophor-fusionierten Rezeptoren. Es müsste eine Eichkurve erstellt werden, die sich auf definierte M/D an der PM bezieht, wie beispielsweise bei einer Fusion des CRF_1R mit CFP.CFP.YFP. Auf Grund der Größe solcher Konstrukte, kann es allerdings zu Problemen bei der Proteinexpression kommen.

Aus diesen Unterschieden resultieren die verschiedenen Anteile an Rezeptor-Dimeren in den beiden FRET-Versuchen. Besonders deutlich wird dies beim ET_BR. Während laut FRET-Spektren 29 % des Rezeptors als Dimere vorliegen sollten, sind mit den FLIM-FRET-Messungen gar keine Dimere messbar (siehe Tabelle 2).

Auch wenn die beiden Eichkurven der FRET-Versuche durch die Kontrollkonstrukte CFP.CFP.YFP und CFP.CFP.CFP.YFP validiert werden konnten, beeinflussen offensichtlich bei den Fluorophor-fusionierten Rezeptoren zu viele unbekannte Faktoren das Messergebnis (definierter Abstand, Winkel der Dipolmomente), sodass es trotz vieler Voruntersuchungen und Kontrollmessungen nicht möglich ist ein realistisches M/D zu ermitteln.

Vorteile für die Bestimmung des M/D bieten hingegen die FCCS-Messungen. In diesem Fall sind sowohl der Abstand als auch die Orientierung der Dipolmomente nicht relevant. Außerdem wird bei dieser Methode ein Anteil an interagierenden Molekülen direkt gemessen. Die erstellte Eichkurve liefert lediglich eine andere

Skalierung der Werte, da die minimal und maximal messbaren Kreuzkorrelationen berücksichtigt werden müssen. Ausserdem bietet dieser Ansatz noch die Möglichkeit der Methodenverbesserung: Durch eine Auswahl an Fluorophoren, die sich spektral nicht überlappen und photostabiler sind als das hier verwendete GFP und mCherry, ließen sich die Messungen der FCCS optimieren. Die exemplarisch am CRF_1R durchgeführten TIRFM-Messungen (23 % Dimere) stützen das Ergebnis der FCCS-Versuche (28 % Dimere). Aus diesem Grund wird im Folgenden nur das M/D betrachtet, welches aus den FCCS-Messungen ermittelt wurde.

Mit der FCCS konnte in dieser Arbeit eine Einzelmolekül-Methode genutzt werden, die zur Aufklärung des M/D von GPCR in lebenden Zellen beiträgt. Bisher werden zu diesem Zweck meist TIRFM-Versuche (auf Einzel-Molekülebene) genutzt [119, 120]. Diese Methode ist allerdings auf Messungen in der basalen PM der Zellen beschränkt, da eine Detektion nur 100 – 200 nm oberhalb des Deckglases möglich ist. Bei der FCCS ist die Messung in allen Kompartimenten möglich, wie z.B. im Golgi-Apparat [103]. Für beide Methoden besteht außerdem die Möglichkeit die Diffusionszeiten zu beobachten. Allerdings stellt das Bleichen der Fluorophore während der Messung ein Problem dar. In der FCCS hat man jedoch die Möglichkeit Fluoreszenzmarker einzusetzen, welche im Vergleich zu GFP und mCherry photostabiler sind. Die TIRFM hingegen ist auf das partielle Bleichen der Fluorophore angewiesen um Rückschlüsse auf Einzelmolekül-Ebene ziehen zu können. Zum einen erfordert diese Methode das partielle Bleichen der Fluorophore, andererseits kann ungewolltes Bleichen nicht ausgeschlossen werden und somit das Ergebnis verfälschen. Aus diesem Grund ist der gemessene Anteil an Rezeptor-Dimeren in den TIRFM-Versuchen wahrscheinlich auch geringer als in der FCCS, da vorliegende Dimere durch ungewollte Bleichprozesse nicht erkannt werden konnten.

5.1.2. GPCR liegen in einem spezifischen M/D vor

Viele GPCR bilden Homo-Oligomere (siehe http://data.gpcr-okb.org/gpcr-okb/ [122, 123]). Hinterfragt wird dabei stets, ob diese Rezeptorinteraktionen tatsächlich einen funktionellen Hintergrund haben, denn für die meisten GPCR konnte den detektierten Homo-Oligomeren noch keine Funktion zugeordnet werden. Es ist möglich, dass es sich um einen zufälligen Prozess handelt oder gar um methodenbedingte Artefakte, da diese Untersuchungen oft an überexprimierten Systemen durchgeführt werden. Diese Überlegungen zieht beispielsweise *Lohse* [124] in Erwägung.

Nach kritischer Betrachtung ergibt sich für den CRF_1R ein M/D von 2,6. Das entspricht einem Anteil von 28 % CRF_1R Homo-Dimeren in der PM lebender Zellen. Für den V_2R und ET_BR wurden 19 % bzw. 18 % Homo-Dimere bestimmt. Interessanterweise haben diese Rezeptoren der Familie 1 einen fast identischen Anteil an Dimeren in der PM. Der CRF_1R hingegen gehört zur Familie 2 und hat im Vergleich einen um ca. 10 % höheren Dimer-Anteil.

Zusätzlich konnte in dieser Arbeit die Spezifizität der CRF_1R-Interaktion nachgewiesen werden (Abb. 13). Da es offensichtlich Unterschiede im Dimer-Anteil zu anderen untersuchten GPCR gibt, ist diese Homo-Dimerisierung folglich kein zufälliger Prozess. Daraus lässt sich schließen, dass es einen funktionellen Hintergrund für diese Rezeptor-Interaktion gibt, der bislang noch nicht aufgeklärt ist.

Auch für die untersuchten GPCR der Familie 1 (ET_BR und V_2R) ist die Rolle der Homo-Dimerisierung unbekannt. Da sich die Werte für das M/D von ET_BR und V_2R kaum unterscheiden, stellt sich tatsächlich die Frage nach der Funktionalität und/oder der Stabilität dieser Interaktionen. In *Fonseca et al.* [125] wurde bereits postuliert, dass die GPCR der Familie 1 eher über „*kiss-and-run*" Interaktionen agieren könnten. In diesem Fall wären die Protein-Protein Interaktionen zwar nicht zufällig aber hoch dynamisch (siehe 5.1.3.). Um diese These zu untermauern, wäre es aber nötig, noch weitere GPCR zu untersuchen.

5.1.3. GPCR der Familie 1 zeigen eine höhere Interaktions-Dynamik die der Familie 2

Die FRET-Messungen konnten nicht zur Bestimmung des M/D herangezogen werden, aber es ist möglich, mit dieser Methode Aussagen zur Stabilität der GPCR-Interaktionen zu machen. Die FLIM-Daten wurden hierfür anhand eines Modells von *Zacharias et al.* [126] untersucht. Es zeigt die Abhängigkeit der Energie-Transfer-Effizienz als Funktion der Fluoreszenzintensität des Akzeptors und bietet einen Einblick in die „*Cluster*"-Bildung von Donor- und Akzeptorpaaren. Die FRET-Effizienz jeder Zelle, die Donor und Akzeptor koexprimiert, wurde gegen die Fluoreszenzintensität des Akzeptors in der jeweiligen Zelle aufgetragen. Die Daten wurden nach folgender Gleichung gefittet:

$$E_T(\%) = \frac{E_T(\%)_{max} \times I_A}{I_A + K_d} \quad (10)$$

wobei $E_T(\%)$ eine hyperbolische Funktion über die mittlere Intensität des Akzeptors (I_A) ist. $E_T(\%)_{max}$ ist die maximale Effizienz, die aus dem Fit berechnet wird. Aus der Gleichung ergibt sich auch die Dissoziationskonstante K_d als ein Parameter, der die assoziativen Eigenschaften von Donor und Akzeptor beschreibt. Sie repräsentiert die Konzentration des Akzeptors, bei der 50 % der Donormoleküle gebunden sind. Wenn $I_A \ll K_d$ ist die Energie-Transfer-Effizienz proportional zur Dichte des Akzeptors in der PM. In diesem Fall sind Donor und Akzeptor untereinander zufällig verteilt. Im umgekehrten Fall $I_A \gg K_d$, ist die Effizienz unabhängig von der Akzeptordichte und jeder Donor ist stabil mit einem Akzeptor verbunden [126].

Für den CRF_1R (Abb. 30A) führen steigende Akzeptorintensitäten nicht zu einer Zunahme der Energie-Transfer-Effizienz, was durch die Konstante K_d ausgedrückt wird, die signifikant kleiner ist als die mittlere Akzeptorintensität. Der hyperbolische Fit erreicht hier eine Sättigung und es kommt zur Bildung eines Plateaus. Im Fall des V_2R (Abb. 30B) ließ sich kein signifikanter Unterschied zwischen der mittleren Fluoreszenzintensität des Akzeptors und der Konstante K_d ermitteln. Der hyperbolische Fit der Daten erreicht nicht die Sättigung. Die Dissoziationskonstanten (K_d), die aus den beiden Sättigungskurven für den CRF_1R und den V_2R bestimmt wurden, unterscheiden sich um das 10-fache. Für den V_2R scheint die Verteilung von Donor und Akzeptor aber auch nicht rein zufällig stattzufinden, da der Fall $I_A \ll K_d$ nicht zutrifft. Dennoch hat die Akzeptordichte einen Einfluss auf die Energie-Transfer-Effizienz. Das deutet auf eine unterschiedliche Dynamik in der Oligomerbildung bei beiden GPCR hin und unterstützt die in *Fonseca et al.* [125] aufgestellte Hypothese einer „*kiss-and-run*" Interaktion für GPCR der Familie 1. Über die Interaktionsdynamik von GPCR der Familie 2 gibt es bislang keine Untersuchungen. Im Fall des CRF_1R ist die Homo-Dimerisierung jedoch stabil.

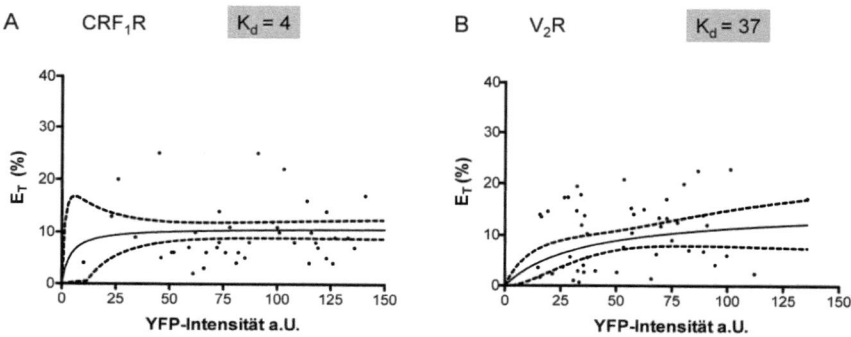

Abb. 30: Abhängigkeit der Energie-Transfer-Effizienz von der YFP-Intensität. Gezeigt ist der hyperbolischer Fit nach Formel (10) (schwarze Kurve) für **A** den CRF_1R und **B** den V_2R. Die entsprechenden Konfidenz-Intervalle sind ebenfalls angegeben (gestrichelte Linien). Die Punkte stellen die Werte der Energie-Transfer-Effizienzen und der entsprechenden YFP-Intensität für einzelne Zellen dar. Grau hinterlegt sind die ermittelten K_d der Rezeptorinteraktionen.

Diese Betrachtung nach *Zacharias et al.* [126] ist allerdings noch durch die große Streuung der Datenpunkte limitiert. Die K_d-Werte, die sich um Größenordnungen unterscheiden (wie in diesem Fall), sollten aber eine Aussage hinsichtlich der Dynamik zulassen. Für eine genauere Analyse der Interaktions-Dynamik sind zukünftig quantitative Versuche denkbar. FRET-Messungen sind inzwischen automatisiert in Multiwellplatten möglich. So kann bei konstanter Donorintensität und steigenden Akzeptorkonzentrationen eine Sättigungskurve erstellt werden, die tausende von Zellen repräsentiert.

5.1.4. Ausblick zur Analyse des M/D von GPCR

In dieser Arbeit wurde für den CRF_1R, den V_2R und den ET_BR erstmals gezeigt, dass diese GPCR in einem spezifischen M/D vorliegen. Die unterschiedlichen Verhältnisse von Monomeren zu Dimeren für Familie 1 (V_2R, ET_BR) und Familie 2 (CRF_1R) GPCR deuten dabei auf eine funktionelle Bedeutung des M/D hin. Zur Aufklärung der Funktion der Homo-Dimere des V_2R und ET_BR wäre die Messung nach Ligandenstimulation der Rezeptoren sinnvoll, um mögliche Änderungen des M/D zu analysieren. Auch hier sollte geklärt werden, ob die GPCR ausschließlich als Dimere, Tetramere oder höhere Oligomere vorliegen. Einen möglichen experimentellen Ansatz hierfür stellen TIRFM-Messungen dar.

Durch die FRET-Messungen konnte über ein Model von *Zacharias et al.* [126] die Stabilität der untersuchten GPCR abgeschätzt werden. Dabei wurde erstmals gezeigt, dass die CRF_1R-Oligomere (GPCR der Familie 2) stabiler in der PM lebender Zellen vorliegen als V_2R-Oligomere (GPCR der Familie 1). Diese Ergebnisse stützten die Hypothese von *Fonseca et al.* [125], dass GPCR der Familie 1 hauptsächlich über „*kiss and run*" Interaktionen miteinander interagieren (also nicht zufällig aber sehr dynamisch). Auch hier ist in Zukunft ein Vergleich dieser Ergebnisse mit denen stimulierter GPCR von besonderem Interesse.

Die etablierten Methoden - FRET, FLIM-FRET und FCCS - bieten die Möglichkeit weitere Untersuchungen z.B. an möglichen Hetero-Oligomeren mit und ohne Stimulation durch Liganden vorzunehmen. Auf diese Weise lassen sich in Zukunft Aussagen machen, die über die einfache Feststellung einer Protein-Protein Interaktion hinausgehen. Durch Parameter wie dem M/D und der Dynamik der Interaktion sowie durch die Vergleichbarkeit der Ergebnisse unter Verwendung identischer Versuchsbedingungen, wird dieser Versuchsaufbau zu einem vielversprechenden Werkzeug bei der Aufklärung der Funktion von GPCR-

Oligomeren. Auch Änderungen der Diffusionszeiten und Messungen in anderen Zellkompartimenten sind mit diesen Methoden möglich.

Insbesondere die Interaktionen der CRFR konnten in dieser Arbeit genauer charakterisiert werden. So wurde im Fall des CRF_1R über TIRFM-Versuche gezeigt, dass neben Monomeren ausschließlich Dimere in der PM lebender Zellen existieren und keine höheren Oligomere. Der ermittelte Anteil an CRF_1R-Dimeren stimmt mit dem Ergebnis der FCCS-Messungen überein. Zusätzlich zum Dimer-Anteil wurde für den CRF_1R erstmals auch die Spezifität der Rezeptorinteraktion nachgewiesen.

Der $CRF_{2(a)}R$, über dessen Interaktionsverhalten keine Informationen vorliegen, konnte in dieser Arbeit erstmals als monomerer GPCR charakterisiert werden. Er stellt damit eine Ausnahme in der Superfamilie der GPCR dar. Die Einzigartigkeit des Pseudosignalpeptides des $CRF_{2(a)}R$ legen weitere Untersuchungen bzgl. der Rezeptorinteraktion nahe (siehe 5.2.).

5.2. Das Pseudosignalpeptid des $CRF_{2(a)}R$ verhindert die Oligomerisierung des Rezeptors

Das Pseudosignalpeptid des $CRF_{2(a)}R$ ist in der Superfamilie der GPCR eine bislang einzigartige N-terminale Domäne [60, 61, 127]. Seine Anwesenheit führt zu einer schwachen Rezeptorexpression [60] und verhindert die Kopplung von Gi an den $CRF_{2(a)}R$ [61]. Mittels FRET- (siehe Abb. 26), FLIM-FRET- (siehe Abb. 27) und FCCS- (siehe Abb. 28) Messungen wurde der Einfluss des Pseudosignalpeptides auf die Rezeptor-Oligomerisierung des $CRF_{2(a)}R$ und des CRF_1R untersucht. Dazu wurden die in *Schulz et al.* [61] charakterisierten Signalpeptidmutanten genutzt. Die ermittelten Daten zeigen, dass die Anwesenheit des Pseudosignalpeptides die Rezeptor-Oligomerisierung verhindert. Dieses Ergebnis konnte durch *Co-Immunopräzipitationen* bestätigt werden (siehe Abb. 29). Die bisher publizierten Daten zur Funktion des Pseudosignalpeptids sind in Abb. 31 zusammengefasst.

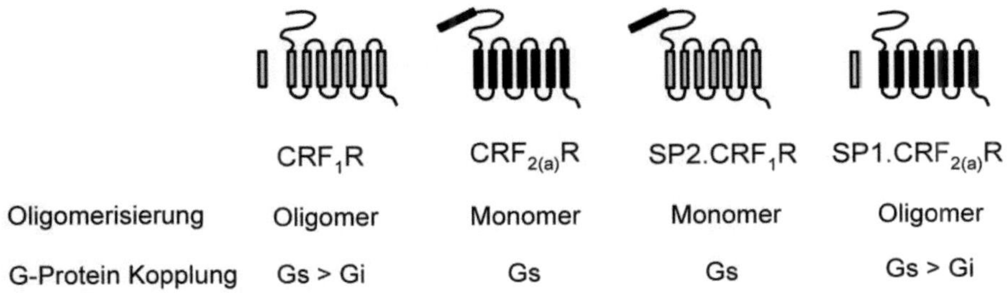

Diskussion

	CRF$_1$R	CRF$_{2(a)}$R	SP2.CRF$_1$R	SP1.CRF$_{2(a)}$R
Oligomerisierung	Oligomer	Monomer	Monomer	Oligomer
G-Protein Kopplung	Gs > Gi	Gs	Gs	Gs > Gi

Abb. 31: Zusammemfassung der Resultate zu den CRFR und ihrer Signalpeptidmutanten. Schematische Darstellung: Der CRF$_1$R (grau) besitzt ein konventionelles abspaltbares Signalpeptid und bildet Dimere. Er koppelt an Gi and Gs [61]. Der CRF$_{2(a)}$R (schwarz) besitzt ein nicht abspaltbares Pseudosignalpeptid und wird als Monomer exprimiert. Er koppelt nur an Gs [61]. Das Konstrukt SP2.CRF$_1$R wird als Monomer expimiert während SP1.CRF$_{2(a)}$R Dimere bildet. Die G-Protein-Selektivität konnte über Signalpeptidaustausche nachgewiesen werden [61]. Die Abbildung wurde entnommen aus *Teichmann et al.* [130] und verändert.

Hier stellt sich die Frage, wie das Pseudosignalpeptid die Oligomerisierung des CRF$_1$R verhindert. Vor Kurzem wurde die Kristallstruktur des N-Terminus des CRF$_{2(a)}$R zusammen mit der des Pseudosignalpeptides publiziert und mit der des CRF$_1$R verglichen [127] (Fig. 32). Das Pseudosignalpeptid ist am Aminoende des CRF$_{2(a)}$R lokalisiert und Teil einer α-Helix, die den N-Terminus verlängert. Die Sequenz, die dem Pseudosignalpeptid folgt, hat eine Schleifenstruktur. Diese N-terminale Struktur, ist der anderer GPCR der Familie 2 ähnlich, welche ebenfalls lange N-terminale α-Helices besitzen. Dazu zählt z.B. der Parathyroid-Hormon-Rezeptor oder der *Gastric-Inhibitory-Peptide*-Rezeptor, wobei für diese Rezeptoren jedoch Oligomere nachgewiesen wurden [128, 129].

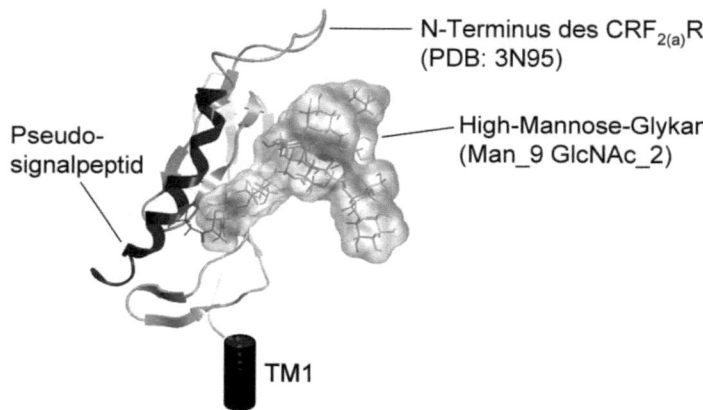

Abb. 32: Strukturmodell des CRF$_{2(a)}$R N-Terminus. Dargestellt sind die Kristallstruktur des CRF$_{2(a)}$R N-Terminus (PDB: 3N95) [127] und des modellierten High-Mannose-Glykans (Man_9 GlcNAc_2) an Position N13. Das Pseudosignalpeptid des CRF$_{2(a)}$R bildet am N-Terminus eine α-Helix, die diesen verlängert. Das sperrige High-Mannose-Glykan könnte die Rezeptor Oligomerisierung verhindern. Die Abbildung wurde entnommen aus *Teichmann et al.* [130] und verändert.

Es konnte gezeigt werden, dass das Pseudosignalpeptid des CRF$_{2(a)}$R eine Konsensussequenz für N-Glykosylierungen (N^{13}C^{14}S^{15}) enthält und dass der Rezeptor an Position N13 auch glykosyliert wird [60]. Es ist vorstellbar, dass dieses Glykan über eine sterische Behinderung den Oligomerisierungsprozess des Rezeptors beeinträchtigt. Auf der Grundlage, dass einige GPCR bereits im ER oligomerisieren [113] wurde die Struktur eines High-Mannose-Glykans an den N-Terminus der Kristallstruktur des CRF$_{2(a)}$R angefügt (Abb. 32). Das sperrige High-Mannose-Glykan nimmt einen großen Raum ein und könnte so die Interaktion des CRF$_{2(a)}$R beeinträchtigen.

Die Mutation von N13 zu einem Alanin führt zu einem voll funktionstüchtigen Signalpeptid, welches abgespalten wird. Dieser Aminosäurerest legt somit die Eigenschaften des Pseudosignalpeptids fest (gezeigt in *Rutz et al.* [60]). Im Zuge solcher Betrachtungen, könnte Rest N13 auch dafür verantwortlich sein, den monomeren Status des $CRF_{2(a)}R$ zu bewahren. Während die Signalpeptidsequenzen normalerweise hochvariabel sind, ist der Rest N13 in allen verfügbaren $CRF_{2(a)}R$ Sequenzen konserviert (Fig. 33). Ein weiterer Aspekt ist die N13Q Mutante des $CRF_{2(a)}R$. Bei dieser Mutation bleibt das Pseudosignalpeptid erhalten, wobei die Glykosylierung an Position N13 jedoch verloren geht. Auch für dieses Konstrukt wurden FRET-Spektren aufgenommen und in ersten Experimenten eine Energie-Transfer-Effizienz von 7,5 % ermittelt, welcher signifikant verschieden zur Negativkontrolle ist. Dies deutet darauf hin, dass tatsächlich die Glykosylierung an Position N13 die Oligomerisierung des $CRF_{2(a)}R$ verhindert.

```
                                    10         20         30         40         50
                             ....|....|  ....|....|  ....|....|  ....|....|  ....|....|
[Oreochromis niloticus]      MDATIYEIIF  GELGDLNCSL  IEAFQDTFLE  NASLPLLSTD  GL--YCNATT
[Danio rerio]                MDASLFQFFL  EEFGDLNCTL  LDAFQDTLYE  NSSFASMSVD  GV--YCNATT
[Xenopus tropicalis]         MDSSIFEIII  DEF-EGNCSL  LDFFQDSLFH  SDSSSFSDFE  GP--YCSATI
[Xenopus laevis]             MDSTIFEIII  DEF-DANCSL  LDAFQDSFLH  SESSSFFGFE  GP--YCSATI
[Anolis carolinensis]        ---------L  ----DANCSL  LDMIHD----  -------GFD  GP--YCNATI
[Taeniopygia guttata]        MDVTISQFIL  -EF-DVNCSL  LDRLHETFLE  SSSIPFLAFD  GP--YCNATT
[Meleagris gallopavo]        MDVTISQFIL  EEF-DVNCSL  LD-LQETVLE  SFSISFLGFH  GL--YCNATT
[Gallus gallus]              MDVTISQFIL  EEF-DANRSL  LD-LQETVLE  SFSISFLGFH  GL--YCNATT
[Rattus norvegicus]          MDAALLLSLL  ----EANCSL  --ALAEELLL  DGWGEPPDPE  GPYSYCNTTL
[Cavia porcellus]            MDAALFHSLL  ----EANCSL  --VLAEELLL  DGWGPPLDPE  GPYSYCNTTL
[Oryctolagus cuniculus]      MDAALLHSLL  ----EANCSL  --ALAEELLL  DGWGQPLDPE  GPDSYCNTTL
[Sus scrofa]                 MDAALLHSLL  ----EANCSL  --ALAEELLL  DGWGMSLDPE  GRYFYCNTTL
[Loxodonta africana]         MEAALLQSLL  ----EANCSL  --ALAEELLL  DGWGLPLDPE  DPYSYCNTTL
[Equus caballus]             MDAALLHSLL  ----EANCSL  --ALAEELLL  DGWGLPLDPE  GPYSYCNTTL
[Bos taurus]                 MDAALLHSLL  ----ETNCSL  --ELAEELVL  DGWGLPLHPE  GPYSYCNTTL
[Canis lupus familiaris]     MDAALLHSLL  ----EANCSL  --ALAEELLL  DGWGPPAEPQ  GPYSYCNTTL
[Ailuropoda melanoleuca]     MDTALLYGLL  ----EANCSL  --ALVEELLL  DGWGLPPDPE  GPYSYCNTTL
[Callithrix jacchus]         MDPALLHSLL  ----EANCSL  --ALAEELIL  DVWGPPLDPE  GPYSYCNTTL
[Macaca mulatta]             MDAALLHSLL  ----EVNCSL  --ALAEELLL  DGWGPPLDPE  GPYSYCNTTL
[Pongo abelii]               MDAALLHSLL  ----EANCSL  --ALAEELLL  DGWGPPLDPE  GPYSYCNTTL
[Nomascus leucogenys]        MDVALLHSLL  ----EANCSL  --ALAEELLL  DGWGPPLDPE  GPYSYCNTTL
[Pan troglodytes]            MDAALLHSLL  ----EANCSL  --ELAEELLL  DGWGPPLDPE  GPYSYCNTTL
[Homo sapiens]               MDAALLHSLL  ----EANCSL  --ALAEELLL  DGWGPPLDPE  GPYSYCNTTL
```

Abb. 33: Sequenzvergleich des $CRF_{2(a)}R$ N-Terminus. Sequenzvergleich des Pseudosignalpeptides des $CRF_{2(a)}R$ bei verschiedenen Spezies. Der konservierte Rest N13 ist in grau hervorgehoben. Die Abbildung wurde entnommen aus *Teichmann et al.* [130] und verändert.

Die Unfähigkeit des $CRF_{2(a)}R$ an Gi zu koppeln, könnte durch dessen monomeren Status bedingt sein, auch wenn der zu Grunde liegende Mechanismus noch nicht geklärt ist: Die Bindung des Liganden an ein Monomer bewirkt möglicherweise nur eine Gs Kopplung, während die Bindung von zwei Liganden an einem Dimer zu einer alternativen Konformation führen könnte, mit der sowohl Gs als auch Gi interagieren. Im Falle des TSHR wurde vor Kurzem ein solches Model vorgeschlagen [34]. In diesem Fall ist die Besetzung beider Ligandenbindungsstellen des TSHR-Oligomers nötig um Gs und Gq zu koppeln. Die Belegung von nur einer Ligandenbindungsstelle ermöglicht nur eine Gs Kopplung [34].

Die Expression des $CRF_{2(a)}R$ als Monomer und die Verhinderung der Oligomerisierung des $CRF_{2(a)}R$ durch das Pseudosignalpeptid, sind erstmals innerhalb der Familie der GPCR in dieser Arbeit nachgewiesen worden. Da Pseudosignalpeptide über Vorhersageprogramme nicht von konventionellen Signalpeptiden unterschieden werden [60], kann nicht ausgeschlossen werden, dass andere GPCR gleichartige Domänen besitzen. In zukünftigen Studien sollte untersucht werden ob auch GPCR, die keine Homologie zum $CRF_{2(a)}R$ aufweisen, durch die Fusion mit dem Pseudosignalpeptid als Monomere vorliegen (wie es beim homologen CRF_1R in dieser Arbeit gezeigt werden konnte). Wenn dies der Fall wäre, könnte die hier angewandte experimentelle Strategie nützlich sein, um die funktionelle Signifikanz der GPCR-Oligomerisierung zukünftig besser untersuchen zu können.

6. Literaturverzeichnis

[1] Strader C.D., Fong T.M., Tota M.R., Underwood D., Dixon R.A.F. (1994): Structure and function of G protein-coupled receptors. Ann. Rev. Bio., 63:101-132

[2] Bockaert J., Pin J.P. (1999): Molecular tickering of G-protein coupled receptors: an evolutionary success. Embo J., 18:1723-1729

[3] Nature Reviews Drug Discovery GPCR Questionnaire Participants. (2004): The state of GPCR research in 2004. Nat. Rev. Drug. Discov., 3:575, 577-626

[4] Howard A.D., McAllister G., Feighner S.D., Liu Q., Nargund R.P., Van der Ploeg L.H., Patchett A.A. (2001): Orphan G-protein-coupled receptors and natural ligand discovery. Trends Pharmacol. Sci., 22:132-40

[5] Alberts B., Bray D., Lewis J., Ra. M., Roberts K., Watson J.D. (1995): Molekularbiologie der Zelle, VCH, dritte Ausgabe, Weinheim, 896

[6] Gether U. (2000): Uncovering molecular mechanisms involved in activation of G- protein coupled receptors. Endocrine Rev., 21:90-113

[7] Wallin E., von Heijne G. (1995): Properties of N-terminal tails in G-protein coupled receptors: a statistical study. Protein Eng., 8:693-698

[8] Higy M., Junne T., Spiess M. (2004): Topogenesis of membrane proteins at the endoplasmic reticulum. Biochemistry, 43:12716-12722

[9] Pollard T.D., Earnshaw W.C. (2002): Cell Biology. Saunders USA

[10] Hurowitz E.H., Melnyk J.M, Chen Y.J., Kouros-Mehr H., Simon M.I., Shizuya H. (2000): Genomic characterization of the human heterotrimeric G protein alpha, beta, and gamma subunit genes. DNA Res., 7:111-120

[11] Strathmann M.P., Simon M.I. (1991): G alpha 12 and G alpha 13 subunits define a fourth class of G protein alpha subunits. Proc. Natl. Acad. Sci. U S A, 88:5582-5586

[12] Kurose H. (2003): Galpha12 and Galpha13 as key regulatory mediator in signal transduction. Life Sci., 74:155-161

[13] Bokoch G. M. (1987): The presence of free G protein beta/gamma subunits in humanneutrophils results in suppression of adenylate cyclase activity. J. Biol. Chem., 262:589-594

[14] Blayney L.M., Gapper P.W., Newby A.C. (1996): Phospholipase C isoforms in vascular smooth muscle and their regulation by G-proteins. Br. J. Pharmacol., 118:1003-1011

[15] Ferguson S.S.G. (2001): Evolving concepts in G protein-coupled receptor endoytosis: The role in receptor-desensitisation and signaling. Pharmalogical Reviews, 53:1-24

[16] Conner S.D., Schmid S.L. (2003): Regulated portals of entry into the cell. Nature, 422:37-44.

[17] Schöneberg T., Yun J., Wenkert D., Wess J. (1996): Functional rescue of mutant V2 vasopressin receptors causing nephrogenic diabetes insipidus by a co-expressed receptor polypeptide. EMBO J.,15:1283-1291

[18] Grosse R., Schöneberg T., Schultz G., Gudermann T. (1997): Inhibition of gonadotropin-releasing hormone receptor signaling by expression of a splice variant of the human receptor. Mol. Endocrinol., 11:1305-1318.

[19] Cvejic S., Devi L.A. (1997): Dimerization of the delta opioid receptor: implication for a role in receptor internalization. J. Biol. Chem., 272:26959-26964

[20] Albizu L., Cottet M., Kralikova M., Stoev S., Seyer R., Brabet I., Roux T., Bazin H., Bourrier E., Lamarque L., Breton C., Rives M.L., Newman A., Javitch J., Trinquet E., Manning M., Pin J.P., Mouillac B., Durroux T. (2010): Time-resolved FRET between GPCR ligands reveals oligomers in native tissues. Nat. Chem. Biol., 6:587-594

[21] Ernst O.P., Gramse V., Kolbe M., Hofmann K.P., Heck M. (2007): Monomeric G protein-coupled receptor rhodopsin in solution activates its G protein

transducin at the diffusion limit. Proc. Natl. Acad. Sci. U S A, 104:10859-10864

[22] Whorton M.R., Bokoch M.P., Rasmussen S.G., Huang B., Zare R.N., Kobilka B., Sunahara R.K. (2007): A monomeric G protein-coupled receptor isolated in a high-density lipoprotein particle efficiently activates its G protein. Proc. Natl. Acad. Sci. U S A, 104:7682-7687

[23] Whorton M.R., Jastrzebska B., Park P.S., Fotiadis D., Engel A., Palczewski K., Sunahara R.K. (2008): Efficient coupling of transducin to monomeric rhodopsin in a phospholipid bilayer. J. Biol. Chem., 283:4387-4394

[24] Kuszak A.J., Pitchiaya S., Anand J.P., Mosberg H.I., Walter N.G., Sunahara R.K. (2009): Purification and functional reconstitution of monomeric µ-opioid receptors: allosteric modulation of agonist binding by Gi2. J. Biol. Chem., 284:26732-26741

[25] Rasmussen S.G., DeVree B.T., Zou Y., Kruse A.C., Chung K.Y., Kobilka T.S., Thian F.S., Chae P.S., Pardon E., Calinski D., Mathiesen J.M., Shah S.T., Lyons J.A., Caffrey M., Gellman S.H., Steyaert J., Skiniotis G., Weis W.I., Sunahara R.K., Kobilka B.K. (2011): Crystal structure of the β2 adrenergic receptor-Gs protein complex. Nature, 477:549-555

[26] Tsukamoto H., Sinha A., DeWitt M., Farrens D.L. (2010) Monomeric rhodopsin is the minimal functional unit required for arrestin binding. J. Mol. Biol., 399:501-511

[27] Bayburt T.H., Vishnivetskiy S.A., McLean M.A., Morizumi T., Huang C.C., Tesmer J.J., Ernst O.P., Sligar S.G., Gurevich V.V. (2011): Monomeric rhodopsin is sufficient for normal rhodopsin kinase (GRK1) phosphorylation and arrestin-1 binding. J. Biol. Chem., 286:1420-1428

[28] Urizar E., Montanelli L., Loy T., Bonomi M., Swillens S., Gales C., Bouvier M., Smits G., Vassart G., Costagliola S. (2005): Glycoprotein hormone receptors: link between receptor homodimerization and negative cooperativity. EMBO J., 24:1954-1964

[29] El-Asmar L., Springael J.Y., Ballet S., Andrieu E.U., Vassart G., Parmentier M. (2005): Evidence for negative binding cooperativity within CCR5-CCR2b heterodimers. Mol. Pharmacol., 67:460-469

[30] Mesnier D., Banères J.L. (2004): Cooperative conformational changes in a G-protein-coupled receptor dimer, the leukotriene B(4) receptor BLT1. J. Biol. Chem., 279:49664-49670

[31] George S.R., Fan T., Xie Z., Tse R., Tam V., Varghese G., O'Dowd B.F. (2000): Oligomerization of µ- and δ-opioid receptors: Generation of novel functional properties. J. Biol. Chem., 275:26128-26135

[32] Charles A.C., Mostovskaya N., Asas K., Evans C.J., Dankovich M.L., Hales T.G. (2003): Coexpression of δ-opioid receptors with µ receptors in GH3 cells changes the functional response to µ agonists from inhibitory to excitatory. Mol. Pharmacol., 63:89-95

[33] Mellado M., Rodríguez-Frade J.M., Vila-Coro A.J., Fernández S., Martín de Ana A., Jones D.R., Torán J.L., Martínez-A. C. (2001): Chemokine receptor homo- or heterodimerization activates distinct signaling pathways. EMBO J., 20:2497-2507

[34] Allen M.D., Neumann S., Gershengorn M.C. (2011): Occupancy of both sites on the thyrotropin (TSH) receptor dimer is necessary for phosphoinositide signaling. FASEB J., 25:3687-3694

[35] Rivero-Müller A., Chou Y.Y., Ji I., Lajic S., Hanyaloglu A.C., Jonas K., Rahman N., Ji T.H., Huhtaniemi I. (2010): Rescue of defective G protein-coupled receptor function in vivo by intermolecular cooperation. Proc. Natl. Acad. Sci. U S A, 107:2319-24

[36] Pin J.P., Comps-Agrar L., Maurel D., Monnier C., Rives M.L., Trinquet E., Kniazeff J., Rondard P., Prézeau L. (2009): G-protein-coupled receptor oligomers: two or more for what? Lessons from mGlu and GABAB receptors. J. Physiol., 587:5337-5344

[37] Kunishima N., Shimada Y., Tsuji Y., Sato T., Yamamoto M., Kumasaka T., Nakanishi S., Jingami H., Morikawa K. (2000): Structural basis of glutamate recognition by a dimeric metabotropic glutamate receptor, Nature, 407:971-977

[38] Fotiadis D., Liang Y., Filipek S., Saperstein D.A., Engel A., Palczewski K. (2003): Atomicforce microscopy: Rhodopsin dimers in native disc membranes Nature, 421:127-128

[39] Guo W., Shi L., Javitch J.A. (2003): The fourth transmembrane segment forms the interface of the dopamine D2 receptor homodimer. J. Biol. Chem., 278:4385-4388

[40] Hebert T.E., Moffett S., Morello J.P., Loisel T.P., Bichet D.G., Barret C, Bouvier M. (1996): A peptide derived from a beta2-adrenergic receptor transmembrane domain inhibits both receptor dimerization and activation. J. Biol. Chem., 271:384-392

[41] Kammerer R.A., Frank S., Schulthess T., Landwehr R., Lustig A., Engel J. (1999): Heterodimerization of a functional GABAB receptor is mediated by parallel coiled-coil alpha-helices. Biochemistry, 38:263-269

[42] Gouldson P.R., Snell C.R., Bywater R.P., Higgs C., Reynolds C.A. (1998): Domain swapping in G-protein coupled receptor dimers. Prot. Eng., 11:1181-1193

[43] Gouldson P.R., Reynolds C.A. (1997): Simulations on dimeric peptides: evidence for domain swapping in G-protein-coupled receptors? Biochem. Soc. Trans., 25:1066-1071

[44] Overton M.C., Blumer, K.J. (2002): The extracellular N-terminal domain and transmembrane domains 1 and 2 mediate oligomerization of a yeast G proteincoupled receptor. J. Biol. Chem., 277:463-472

[45] Liang Y., Fotiadis D., Filipek S., Saperstein D.A., Palczewski K., Engel A. (2003): Organization of the G protein-coupled receptors rhodopsin and opsin in native membranes. J. Biol. Chem., 278:655-662

[46] Schulz A., Grosse R., Schultz G., Gudermann T., Schoneberg T. (2000): Structural implication for receptor oligomerization from functional reconstitution studies of mutant V2 vasopressin receptors. J. Biol. Chem., 275:2381-2389

[47] Filizola M., Guo W., Javitch J.A., Weinstein H. (2005): Oligomerization Domains of G Protein-Coupled Receptors: Insights Into the Structural Basis of GPCR Association, The G Protein-Coupled Receptors Handbook, Humana Press, 243-265

[48] Hauger R.L., Risbrough V., Brauns O., Dautzenberg F.M. (2006): Corticotropin releasing factor (CRF) receptor signaling in the central nervous system: new molecular targets. CNS Neurol. Disord. Drug Targets, 5:453-479

[49] Hauger R.L., Grigoriadis D.E., Dallman M.F., Plotsky P.M., Vale W.W., Dautzenberg F.M. (2003): International Union of Pharmacology. XXXVI. Current status of the nomenclature for receptors for corticotropin-releasing factor and their ligands. Pharmacol. Rev., 55:21-26

[50] Spina M., Merlo-Pich E., Chan R.K., Basso A.M., Rivier J., Vale W., Koob G.F. (1996): Appetite-suppressing effects of urocortin, a CRF-related neuropeptide. Science, 273:1561-1564

[51] Coste S.C., Kesterson R.A., Heldwein K.A., Stevens S.L., Heard A.D., Hollis J.H., Murray S.E., Hill J.K., Pantely G.A., Hohimer A.R., Hatton D.C., Phillips T.J., Finn D.A., Low M.J., Rittenberg M.B., Stenzel P., Stenzel-Poore M.P. (2000): Abnormal adaptations to stress and impaired cardiovascular function in mice lacking corticotropin-releasing hormone receptor-2. Nat. Genet., 24:403-409

[52] Milan-Lobo L., Gsandtner I., Gaubitzer E., Rünzler D., Buchmayer F., Köhler G., Bonci A., Freissmuth M., Sitte H.H. (2009): Subtype-specific differences in corticotropin-releasing factor receptor complexes detected by fluorescence spectroscopy. Mol. Pharmacol., 76:1196-1210

[53] Hauger R.L., Risbrough V., Oakley R.H., Olivares-Reyes J.A., Dautzenberg F.M. (2009): Role of CRF receptor signaling in stress vulnerability, anxiety, and depression. Ann. N Y Acad. Sci., 1179:120-143

[54] Refojo D., Holsboer F. (2009): CRH signaling. Molecular specificity for drug targeting in the CNS. Ann. N Y Acad. Sci., 1179:106-119.

[55] Valdez G.R. (2009): CRF receptors as a potential target in the development of novel pharmacotherapies for depression. Curr. Pharm. Des., 15:1587-1594

[56] Kraetke O., Wiesner B., Eichhorst J., Furkert J., Bienert M., Beyermann M. (2005): Dimerization of corticotropin-releasing factor receptor type 1 is not coupled to ligand binding. J. Recept. Signal Transduct. Res., 25:251-276

[57] Grammatopoulos D.K., Dai Y., Randeva H.S., Levine M.A., Karteris E., Easton A.J., Hillhouse E.W. (1999): A novel spliced variant of the type 1 corticotropin-releasing hormone receptor with a deletion in the seventh transmembrane domain present in the human pregnant term myometrium and fetal membranes. Mol. Endocrinol., 13:2189-2202

[58] Wietfeld D., Heinrich N., Furkert J., Fechner K., Beyermann M., Bienert M., Berger H. (2004): Regulation of the coupling to different G proteins of rat corticotropin-releasing factor receptor type 1 in human embryonic kidney 293 cells. J. Biol. Chem., 279:38386-38394

[59] Gutknecht E., Van der Linden I., Van Kolen K., Verhoeven K.F., Vauquelin G., Dautzenberg F.M. (2009): Molecular mechanisms of corticotropin-releasing factor receptor-induced calcium signaling. Mol. Pharmacol., 75:648-657

[60] Rutz C., Renner A., Alken M., Schulz K., Beyermann M., Wiesner B., Rosenthal W., Schülein R. (2006): The corticotropin-releasing factor receptor type 2a contains an N-terminal pseudo signal peptide. J. Biol. Chem., 281:24910-24921

[61] Schulz K., Rutz C., Westendorf C., Ridelis I., Vogelbein S., et al. (2010): The pseudo signal peptide of the corticotropin-releasing factor receptor type 2a

decreases receptor expression and prevents Gi-mediated inhibition of adenylyl cyclase activity. J. Biol. Chem., 43:32878-3287

[62] Oksche A., Rosenthal W. (2001): Molekulare Grundlagen des Diabetes insipidus renalis und centralis. Endokrinopathien, Springer Verlag, 2001

[63] Klussmann E., Maric K., Rosenthal W. (2000): The mechanisms of aquaporin control in the renal collecting duct. Physiol. Biochem. Pharmacol., 141:33-95

[64] Bowen-Pidgeon D., Innamorati G., Sadeghi H.M., Birnbaumer M. (2001): Arrestin effects on internalization of vasopressin receptors. Mol. Pharmacol., 59:1395-1401

[65] Pfeiffer R., Kirsch J., Fahrenholz F. (1998): Agonist and antagonist-dependent internalization of the human vasopressin V2 receptor. Exp. Cell. Res., 244:327-39

[66] Terrillon S., Barberis C., Bouvier M. (2004): Heterodimerisation of V1a and V2 vasopressin receptors determines the interaction with β-arrestin and their trafficking patterns. Proc. Natl. Acad. Sci. U S A, 101:1548-1553

[67] Terrillon S., Durroux T., Mouillac B., Breit A., Ayoub M.A., Taulan M., Jockers R., Barberis C., Bouvier M. (2003): Oxytocin and vasopressin V1a and V2 receptors form constitutive homo- and heterodimers during biosynthesis. Mol. Endocrinol., 17:677-691

[68] Arai H., Hori S., Aramori I., Ohkubo H., Nakanishi S. (1990): Cloning and expression of a cDNA encoding an endothelin receptor. Nature, 348:730-732

[69] Sakurai T., Yanagisawa M., Takuwa Y., Miyazaki H., Kimura S., Goto K., Masaki T. (1990): Cloning of a cDNA encoding a non-isopeptide-selective subtype of the endothelin receptor. Nature, 348:732-735

[70] Maguire J.J., Davenport A.P. (1995): ET_A receptor-mediated constrictor responses to endothelin peptides in human blood vessels in vitro. Br. J. Pharmacol., 115:191-197

[71] Angelova K., Puett D., Narayan P. (1997): Identification of endothelin receptor subtypes in sheep choroid plexus. Endocrine., 7:287-293

[72] Harada N., Himeno A., Shigematsu K., Sumikawa K. and Niwa M. (2002): Endothelin-1 binding to endothelin receptors in the rat anterior pituitary gland: possible formation of an ET_A-ET_B receptor heterodimer. Cell. Mol. Neurobiol., 22:207-226

[73] Kitsukawa Y., Gu Z.F., Hildebrand P., Jensen R.T. (1994): Gastric smooth muscle cells possess two classes of endothelin receptors but only one alters contraction. Am. J. Physiol., 266:G713-721

[74] Masaki T. (2004): Historical review: Endothelin. Trends Pharmacol. Sci., 25:219-224

[75] Waggoner W.G., Genova S.L., Rash V.A. (1992): Kinetic analyses demonstrate that the equilibrium assumption does not apply to 125I-endothelin-1 binding data. Life Sci., 51:1869-1876

[76] Oksche A., Boese G., Horstmeyer A., Furkert J., Beyermann M., Bienert M., Rosenthal W. (2000): Late endosomal/lysosomal targeting and lack of recycling of the ligand-occupied endothelin B receptor. Mol. Pharmacol., 57:1104-1113

[77] Oksche A., Boese G., Horstmeyer A., Papsdorf G., Furkert J., Beyermann M., Bienert M., Rosenthal W. (2000): Evidence for downregulation of the endothelin B receptor by the use of fluorescent endothelin-1 and a fusion protein consisting of the endothelin B receptor and the green fluorescent protein. J. Cardiovasc. Pharmacol., 36:S44-47

[78] Akiyama N., Hiraoka O., Fujii Y., Terashima H., Satoh M., Wada K. and Furuichi Y. (1992): Biotin derivatives of endothelin: utilization for affinity purification of endothelin receptor. Protein Expr. Purif., 3:427-433

[79] Köchl R., Alken M., Rutz C., Krause G., Oksche A., Rosenthal W., Schülein R. (2002): The signal peptide of the G protein-coupled human endothelin B receptor is necessary for translocation of the N-terminal tail across the endoplasmic reticulum membrane. J. Biol. Chem., 277:16131-16138

[80] Saito Y., Mizuno T., Itakura M., Suzuki Y., Ito T., Hagiwara H., Hirose S. (1991): Primary structure of bovine endothelin B receptor and identification of signal peptidase and metal proteinase cleavage sites. J. Biol. Chem., 266:23433-23437

[81] Aramori I., Nakanishi S. (1992): Coupling of two endothelin receptor subtypes to differing signal transduction in transfected Chinese hamster ovary cells. J. Biol. Chem., 267:12468-12474

[82] Eguchi S., Hirata Y., Imai T., Marumo F. (1993): Endothelin receptor subtypes are coupled to adenylate cyclase via different guanyl nucleotide-binding proteins in vasculature. Endocrinology, 132:524-529

[83] Freedman N.J., Ament A.S., Oppermann M., Stoffel R.H., Exum S.T., Lefkowitz R.J. (1997): Phosphorylation and desensitization of human endothelin A and B receptors. Evidence for G protein-coupled receptor kinase specificity. J. Biol. Chem., 272:17734-17743

[84] Gregan B., Jürgensen J., Papsdorf G., Furkert J., Schaefer M., Beyermann M., Rosenthal W., Oksche A. (2004): Ligand-dependent differences in the internalization of endothelin A and endothelin B receptor heterodimers. J. Biol. Chem., 279:27679-27687

[85] Gregan B., Schaefer M., Rosenthal W., Oksche A. (2004): Fluorescence resonance energy transfer analysis reveals the existence of endothelin-A and endothelin-B receptor homodimers. J. Cardiovasc. Pharmacol., 44:S30-33

[86] Evans N.J., Walker J.W. (2008): Endothelin receptor dimers evaluated by FRET, ligand binding, and calcium mobilization. Biophys. J., 95:483-492

[87] Veith D., Veith M. (2005): Biologie fluoreszierender Proteine: Ein Regenbogen aus dem Ozean. Biologie in unserer Zeit, 6:394-404

[88] Shagin D.A., Barsova E.V., Yanushevich Y.G., Fradkov A.F., Lukyanov K.A., Labas Y.A., Semenova T.N., Ugalde J.A., Meyers A., Nunez J.M., Widder E.A., Lukyanov S.A., Matz M.V. (2004): GFP-like proteins as ubiquitous

metazoan superfamily: evolution of functional features and structural complexity. Mol. Biol. Evol., 21:841-850

[89] Salih A., Larkum A., Cox G., Kühl M., Hoegh-Guldberg O. (2000): Fluorescent pigments in corals are photoprotective. Nature, 408:850-853

[90] Heim R., Prasher D.C., Tsien R.Y. (1994): Wavelength mutations and posttranslational autoxidation of green fluorescent protein. Proc. Natl. Acad. Sci. U S A, 91:12501-12504

[91] Tsien R.Y. (1997): The green fluorescent protein. Annu Rev Biochem, 67:509-544

[92] Patterson G.H., Knobel S.M., Sharif W.D., Kain S.R., Piston D.W. (1997): Use of the green fluorescent protein and its mutants in quantitative fluorescence microscopy. Biophys. J., 73:2782-2790

[93] Shaner N.C., Campbell R.E., Steinbach P.A., Giepmans B.N., Palmer A.E., Tsien R.Y. (2004): Improved monomeric red, orange and yellow fluorescent proteins derived from Discosoma sp. red fluorescent protein. Nat. Biotechnol., 22:1567-1572

[94] Förster T. (1948): Zwischenmolekulare Energiewanderung und Fluoreszenz (intermolecular energy migration and fluorescence), Annalen der Physik, 2:55-75

[95] Sourjik V. and Berg H-C. (2002): Binding of the Escherichia coli response regulator CheY to its target measured in vivo by fluorescence resonance energy transfer. Proc. Natl. Acad. Sci. U S A, 99:12669-12674

[96] Ciruela F., Vilardaga J.P., Fernández-Dueñas V. (2010) Lighting up multiprotein complexes: lessons from GPCR oligomerization. Trends Biotechnol., 28(8):407-415

[97] Sun Y., Day R.N., Periasamy A. (2011): Investigating protein-protein interactions in living cells using fluorescence lifetime imaging microscopy. Nat. Protoc., 6:1324-1340

[98] Lackowicz J.R. (2006): Principles of Fluorescence Spectroscopy. Third Edition, Springer Science+Business Media, New York.

[99] de Almeida R.F., Loura L.M. and Prieto M. (2009): Membrane lipid domains and rafts: current applications of fluorescence lifetime spectroscopy and imaging. Chem. Phys. Lipids, 157:61-77

[100] Becker W. (2008): The bh TCSPC Handbook, Third Edition, Becker&Hickl GmbH

[101] García-Sáez A.J., Schwille P. (2007): Single molecule techniques for the study of membrane proteins. Appl Microbiol Biotechnol., 76:257-266

[102] Schmidt A., Wiesner B., Weisshart K., Schulz K., Furkert J., Lamprecht B., Rosenthal W., Schülein R. (2009): Use of Kaede fusions to visualize recycling of G protein-coupled receptors. Traffic, 10:2-15

[103] Schmidt V., Baum K., Lao A., Rateitschak K., Schmitz Y., Teichmann A., Wiesner B., Petersen C.M., Nykjaer A., Wolf J., Wolkenhauer O., Willnow T.E. (2011): Quantitative modelling of amyloidogenic processing and its influence by SORLA in Alzheimer's disease. EMBO J., 31:187-200

[104] Elson E.L. (2001): Fluorescence correlation spectroscopy measures molecular transport in cells. Traffic, 2:789-796

[105] Rigler R., Mets U., Widengren J., Kask P. (1993): Fluorescence correlation spectroscopy with high count rate and low background: analysis of translational diffusion. Eur. Biophys. J., 22:169-175

[106] Haustein E., Schwille P. (2003): Ultrasensitive investigations of biological systems by fluorescence correlation spectroscopy. Methods, 29:153–166

[107] Schülein R., Lorenz D., Oksche A., Wiesner B., Hermosilla R., Ebert J., Rosenthal W. (1998): Polarized cell surface expression of the green fluorescent protein-tagged vasopressin V2 receptor in Madin Darby canine kidney cells. FEBS Lett., 441:170-176

[108] Oksche A., Boese G., Horstmeyer A., Furkert J., Beyermann M., Bienert M., Rosenthal W. (2000): Late endosomal/lysosomal targeting and lack of

recycling of the ligand-occupied endothelin B receptor. Mol. Pharmacol., 57:1104-1113

[109] Wüller S., Wiesner B., Löffler A., Furkert J., Krause G., Hermosilla R., Schaefer M., Schülein R., Rosenthal W., Oksche A. (2004): Pharmacochaperones post-translationally enhance cell surface expression by increasing conformational stability of wild-type and mutant vasopressin V2 receptors. J. Biol. Chem., 279:47254-47263

[110] Cubitt A.B., Woollenweber L.A., Heim R. (1999): Understanding structure-function relationships in the Aequorea victoria green fluorescent protein. Methods Cell Biol., 58:19-30

[111] Tannert A., Voigt P., Burgold S., Tannert S., Schaefer M. (2008): Signal amplification between Gbetagamma release and PI3Kgamma-mediated PI(3,4,5)P3 formation monitored by a fluorescent Gbetagamma biosensor protein and repetitive two component total internal reflection/fluorescence redistribution after photobleaching analysis. Biochemistry, 47:11239-11250

[112] Mashanov G.I., Molloy J.E. (2007): Automatic detection of single fluorophores in live cells. Biophys. J., 92:2199-2211

[113] Gurevich V.V., Gurevich E.V. (2008): GPCR monomers and oligomers: it takes all kinds. Trends Neurosci., 31:74-81

[114] Atwood B.K., Lopez J., Wager-Miller J., Mackie K., Straiker A. (2011): Expression of G protein-coupled receptors and related proteins in HEK293, AtT20, BV2, and N18 cell lines as revealed by microarray analysis. BMC Genomics, 12:14

[115] Li H., Yu P., Sun Y., Felder R.A., Periasamy A., Jose P.A. (2010): Actin cytoskeleton dependent Rab GTPase-regulated angiotensin type I receptor lysosomal degradation studied by fluorescence lifetime imaging microscopy. J. Biomed. Opt., 15:056003

[116] Scolari S., Engel S., Krebs N., Plazzo A.P., De Almeida R.F., Prieto M., Veit M.., Herrmann A. (2009): Lateral distribution of the transmembrane domain of

influenza virus hemagglutinin revealed by time-resolved fluorescence imaging. J. Biol. Chem., 284:15708-15716

[117] Waharte F., Spriet C., Héliot L. (2006): Setup and characterization of a multiphoton FLIM instrument for protein-protein interaction measurements in living cells. Cytometry A., 69:299-306

[118] Habuchi S., Tsutsui H., Kochaniak A.B., Miyawaki A., van Oijen A.M. (2008): mKikGR, a monomeric photoswitchable fluorescent protein. PLoS One, 3:e3944

[119] Hern J.A., Baig A.H., Mashanov G.I., Birdsall B., Corrie J.E., Lazareno S., Molloy J.E., Birdsall N.J. (2010): Formation and dissociation of M1 muscarinic receptor dimers seen by total internal reflection fluorescence imaging of single molecules. Proc. Natl. Acad. Sci. U S A,107:2693-2698

[120] Kasai R.S., Suzuki K.G., Prossnitz E.R., Koyama-Honda I., Nakada C., Fujiwara T.K., Kusumi A. (2011): Full characterization of GPCR monomer-dimer dynamic equilibrium by single molecule imaging. J. Cell. Biol., 192:463-480

[121] Gangavarapu P., Rajagopalan L., Kolli D., Guerrero-Plata A., Garofalo R.P., Rajarathnam K. (2012): The monomer-dimer equilibrium and glycosaminoglycan interactions of chemokine CXCL8 regulate tissue-specific neutrophil recruitment. J. Leukoc. Biol., 91:259-265

[122] Khelashvili G., Dorff K., Shan J., Camacho-Artacho M., Skrabanek L., Vroling B., Bouvier M., Devi L.A., George S.R., Javitch J.A., Lohse M.J., Milligan G., Neubig R.R., Palczewski K., Parmentier M., Pin J.P., Vriend G., Campagne F., Filizola M. (2010): GPCR-OKB: the G Protein Coupled Receptor Oligomer Knowledge Base. Bioinformatics, 26:1804-1805

[123] Skrabanek L., Murcia M., Bouvier M., Devi L., George S.R., Lohse M.J., Milligan G., Neubig R., Palczewski K., Parmentier M., Pin J.P., Vriend G., Javitch J.A., Campagne F., Filizola M. (2007): Requirements and ontology for

a G protein-coupled receptor oligomerization knowledge base. BMC Bioinformatics, 8:177

[124] Lohse M.J. (2006): G protein-coupled receptors: too many dimers? Nat. Methods., 3:972-973

[125] Fonseca J.M., Lambert N.A. (2009): Instability of a class a G protein-coupled receptor oligomer interface. Mol, Pharmacol., 75:1296-1299

[126] Zacharias D.A., Violin J.D., Newton A.C., Tsien R.Y. (2002): Partitioning of lipid-modified monomeric GFPs into membrane microdomains of live cells. Science, 296:913-916

[127] Pal K., Swaminathan K., Xu H.E., Pioszak A.A. (2010): Structural basis for hormone recognition by the Human CRFR2{alpha} G protein-coupled receptor. J. Biol. Chem., 285:40351-4036

[128] Pioszak A.A., Harikumar K.G., Parker N.R., Miller L.J., Xu H.E. (2010): Dimeric arrangement of the parathyroid hormone receptor and a structural mechanism for ligand-induced dissociation. J. Biol. Chem., 285:12435-12444

[129] Vrecl M., Drinovec L., Elling C., Heding A. (2006): Opsin oligomerization in a heterologous cell system. J Recept Signal Transduct Res., 26:505-526

[130] Teichmann A., Rutz C., Kreuchwig A., Krause G., Wiesner B., Schülein R. (2012): The pseudo signal peptide of the corticotropin-releasing factor receptor type 2a prevents receptor oligomerization. J. Biol. Chem., accepted

Abkürzungen

ACTH	adrenocorticotrophes Hormon	FSHR	*Follicle-Stimulating-Hormone*-Rezeptor
AK	Autokorrelation	GABA	Gamma-Aminobuttersäure
AQP	Aquaporin	GDP	Guanosindiphosphat
ATP	Adenosin-Triphosphat	GFP	*Green Fluorescent Protein*
a.U.	*abitrary Units*	GnRHR	*Gonadotropin-Releasing-Hormone*-Rezeptor
AVP	Arginin-Vasopressin		
C-	Carboxyl-	GPCR	G-Protein gekoppelter Rezeptor
cAMP	zyklisches Adenosin-Monophosphat		
		G-Protein	Guaninnukleotid-bindendes Protein
CCR	Chemokin Rezeptor		
CFP	*Cyan Fluorescent Protein*	GRK	G-Protein gekoppelter Rezeptor Kinase
COP	*Coat Protein Comlpex*		
CRF	*Corticotropin-Releasing-Factor*	GTP	Guanosintriphosphat
		h	Stunden
CRF_1R	*Corticotropin-Releasing-Factor*-Rezeptor Typ 1	HEK	*Human Embryonic Kidney*
		i1/2/3	intrazelluäre Schleife 1/2/3
$CRF_{2(a)}R$	*Corticotropin-Releasing-Factor*-Rezeptor Typ 2(a)	I_A	mittler Fluoreszenzintensität des Akzeptors
e1/2/3	extrazelluläre Schleife 1/2/3		
		IC	*Internal Conversion*
ER	endoplasmatisches Retikulum	I_D	Fluoreszenzintensität des Donors in Abwesenheit des Akzeptors
ERAD	ER-assoziierte Degradationsmaschinerie		
		I_{DA}	Fluoreszenzintensität des Donors in Anwesenheit des Akzeptors
ERGIC	ER-Golgi-Intermediärkompartiment		
E_T	Energie-Transfer-Effizienz	IP3	Inositol-1,4,5-triphosphat
ET	Endothelin	IPTG	Isopropyl-β-D-thiogalactopyranosid
ET_AR	Endothelin-A-Rezeptor		
ET_BR	Endothelin-B-Rezeptor	ISC	*Intersystem Crossing*
FCCS	Fluoreszenz-Kreuzkorrelations-Spektroskopie	KK	Kreuzkorrelation
		LH	*Luteinizing-Hormone*
		LSM	Laser Scanning Mikroskopie
FCS	Fluoreszenz-Korrelations-Spektroskopie		
		LTB4R	*Leukotriene-B(4)*-Rezeptor
FLIM	Fluoreszenzlebenszeit-Mikroskopie (*Fluorescence Lifetime Imaging Microscopy*)	MAP	*Mitogen Activated Protein*
		min	Minuten
		N	Anzahl der Messungen
FRET	Fluoreszenz-Resonanz-Energie-Transfer	N-	Amino-
		nm	Nanometer
fs	Femtosekunden	NO	Stickoxid

ns	Nanosekunden
OD	optische Dichte
PAGE	Polyacrylamid-Gelelektrophorese
P_i	Phosphat
PM	Plasmamembran
ps	Pikosekunden
PSF	Punktspreizfunktion (*Point Spread Function*)
RT	Raumtemperatur
s	Sekunden
SD	Standardabweichung
SDS	Natriumdodecylsulfat
SEM	Standardfehler des Mittelwertes
TCSPC	*Time Correlated Single Photon Counting*
TIRFM	*Total-Internal-Reflection-Fluorescence-Microscopy*
TSH	*Thyroid-Stimulating-Hormone*
TSHR	*Thyroid-Stimulating-Hormone*-Rezeptor
$V_{1(a)}R$	Vasopressin-$V_{1(a)}$-Rezeptor
V_2R	Vasopressin-V_2-Rezeptor
YFP	*Yellow Fluorescent Proteine*
üN	über Nacht
τ_{av}	mittlere amplitudengewichtete Fluoreszenzlebenszeit
τ_D	mittlere amplitudengewichtete Fluoreszenzlebenszeitr des Donors in Abwesenheit des Akzeptors
τ_{DA}	mittlere amplitudengewichtete Fluoreszenzlebenszeit des Donors in Anwesenheit des Akzeptors
λ_{ex}	Anregungswellenlänge
Φ	Fluoreszenzquantenausbeute

Danksagung

Hiermit möchte ich mich bei Prof. Dr. Andreas Herrmann und PD Dr Ralf Schülein für die Betreuung und Begutachtung meiner Arbeit bedanken. Ebenso bedanke ich mich bei Prof. Dr. Sandro Keller für die Begutachtung meiner Arbeit.

Herrn Prof. Dr. Walter Rosenthal möchte ich für die Bereitstellung des interessanten Themas und für die Schaffung hervorragender Arbeitsbedingungen danken.

Im Besonderen danke ich Burkhard Wiesner für die geduldige Betreuung, Diskussionsbereitschaft und seinen Optimismus – denn auch ein negatives Ergebnis ist ein wichtiges Ergebnis. Vielen Dank auch fürs Handauflegen an den Mikroskopen und den Makros. Ich habe viel gelernt.

Vielen lieben Dank Jenny Eichhorst.

Bedanken möchte ich mich auch bei Gisela Papsdorf und Bettina Kahlich sowie bei Erhard Klauschenz für die Hilfe bei der Zellkultur und den Sequenzierungen. Ebenso Danke ich Jens Furkert für alle beantworteten und offenen Fragen. Das Leben ist muliplikativ.

Ich danke Dr. Gerd Krause und Annika Kreuchwig der AG strukturelle Bioinformatik des FMP für die Modellierung der Glykosylierung am Pseudosignalpeptid und das Sequenzalignment. Ebenso danke ich Dr. Claudia Rutz aus der AG Protein Trafficking für die Hilfe bei der Durchführung der Co-Immunopräzipitationen. Es war eine schöne, unkomplizierte Zusammenarbeit.

Ein herzlicher Dank für die Zeit und die geduldige Betreuung am TIRF-Mikroskop gilt Dr. Astrid Tannert vom Rudolf Böhm Institut für Toxikologie.

Ich danke allen Mitarbeitern der AG Wiesner, AG Schülein, AG Klussmann und AG Krause, insbesondere: Antje Schmidt, Annita Kinne, Claudia Rutz, Wolfgang Klein, Ingrid Ridelis, Inna Hoyer, Kerstin Zühlke, Jessica Tröger und Solveig Grossmann für Hilfe, Geduld, gute Laune und regelmäßige Nahrungsaufnahme. Für die gründliche Durchsicht meiner Arbeit möchte ich mich herzlich bei Anita Kinne, Kerstin Zühlke und Matthias Schade bedanken.

Ein großes Dankeschön gilt meinen Eltern und meinem Bruder Peter für die Unterstützung während dieser Arbeit.

Oskar, Ole und Marcel: Danke Danke Danke!

i want morebooks!

Buy your books fast and straightforward online - at one of world's fastest growing online book stores! Environmentally sound due to Print-on-Demand technologies.

Buy your books online at
www.get-morebooks.com

Kaufen Sie Ihre Bücher schnell und unkompliziert online – auf einer der am schnellsten wachsenden Buchhandelsplattformen weltweit! Dank Print-On-Demand umwelt- und ressourcenschonend produziert.

Bücher schneller online kaufen
www.morebooks.de

 VDM Verlagsservicegesellschaft mbH
Heinrich-Böcking-Str. 6-8   Telefon: +49 681 3720 174   info@vdm-vsg.de
D - 66121 Saarbrücken   Telefax: +49 681 3720 1749 www.vdm-vsg.de

Printed by Books on Demand GmbH, Norderstedt / Germany